Lean Seis Sigma

La guía definitiva sobre Lean Seis Sigma, Lean Enterprise y Lean Manufacturing, con herramientas para incrementar la eficiencia y la satisfacción del cliente

© **Copyright 2019**

Todos los derechos reservados. Ninguna parte de este libro puede reproducirse de ninguna forma sin permiso por escrito del autor. Los críticos pueden citar breves pasajes en las reseñas.

Descargo de responsabilidad: ninguna parte de esta publicación puede ser reproducida o transmitida de ninguna forma o por ningún medio, mecánico o electrónico, incluyendo fotocopias o grabaciones, ni por ningún sistema de almacenamiento y recuperación de información, ni transmitida por correo electrónico sin permiso por escrito del editor.

Si bien se han realizado todos los intentos para verificar la información proporcionada en esta publicación, ni el autor ni el editor asumen ninguna responsabilidad por errores, omisiones o interpretaciones contrarias de la materia en este documento.

Este libro es sólo para fines de entretenimiento. Las opiniones expresadas son las del autor solo y no deben tomarse como instrucciones u órdenes de expertos. El lector es responsable de sus propias acciones.

El cumplimiento de todas las leyes y regulaciones aplicables, incluidas las leyes internacionales, federales, estatales y locales que rigen las licencias profesionales, las prácticas comerciales, la publicidad y todos los demás aspectos de negocio en los EE. UU., Canadá, el Reino Unido o cualquier otra jurisdicción, es responsabilidad exclusiva del comprador o lector.

Ni el autor ni el editor asumen ninguna responsabilidad u obligación alguna en nombre del comprador o lector de estos materiales. Cualquier percepción de menosprecio a cualquier individuo u organización es puramente involuntaria.

Contents

CAPÍTULO 1: ENTENDIENDO EL PENSAMIENTO LEAN 1
    LEAN Y EL ENFOQUE SPT (SISTEMA DE PRODUCCIÓN TOYOTA) 4
    CÓMO APROVECHAR EL POTENCIAL HUMANO 4

CAPÍTULO 2: LAS BASES DE SEIS SIGMA 6
    CÓMO SE PUEDE APLICAR SEIS SIGMA A LA FILOSOFÍA LEAN 6
    ¿QUÉ ES SEIS SIGMA? 7
    ¿POR QUÉ ELEGIR SEIS SIGMA? 8
    LA FILOSOFÍA SEIS SIGMA 10
    PASAR A LA ACCIÓN 11

CAPÍTULO 3: ¿QUÉ ES LEAN SEIS SIGMA? 13
    HERRAMIENTAS DE SEIS SIGMA 17
    ¿POR QUÉ DEBERÍA TRABAJAR CON SEIS SIGMA? 17
    LOS PRINCIPIOS DE LEAN 19

CAPÍTULO 4: FASES DE LEAN SEIS SIGMA 21
    FASE 1: DEFINICIÓN 21
        Análisis Kano 22
    FASE 2: MEDICIÓN 23
        Plan de proyecto 24
    FASE 3: ANÁLISIS 24
        Prueba de hipótesis 25
    FASE 4: MEJORA 25

  Parámetro de la solución 25
  Solución piloto 26
 Fase 5: Control 26

CAPÍTULO 5: COMBINANDO LEAN Y SEIS SIGMA 27

CAPÍTULO 6: PREPARÁNDOSE PARA LEAN SEIS SIGMA 31

 Conociendo a sus clientes 32
 Agrupando los clientes 33
 Entendiendo el proceso del cliente 34
 Desarrollar un plan Hoshin 36
 Desarrollando un diagrama de información, proceso e infraestructura 37

CAPÍTULO 7: ENTENDIENDO LAS NECESIDADES DEL CLIENTE 39

 El modelo de Kano 39
 Identificación de los requisitos de sus clientes 40
 Voz del cliente 41
  Las categorías de VOC 42
  Métodos de VOC 42
 Etnografía del cliente 44

CAPÍTULO 8: CÓMO OBTENER APOYO DE LA ALTA DIRECCIÓN 46

 Enfoque sigiloso 47
 Enfoque de compromiso inicial limitado 48
 Cómo eliminar cualquier resistencia a Lean Seis Sigma 50

CAPÍTULO 9: PLANIFICACIÓN DE LA IMPLEMENTACIÓN 52

 Tomando la decisión de implementar 52
 Elegir un buen modelo de implementación 53
  Modelo de organización completa 54
  Modelo de unidad de negocio 54
  Modelo dirigido 55
  Modelo de base 55
 Obtener el talento adecuado 56
 Mantener el enfoque 56
 ¿Vale la pena? 57
 Errores de implementación que su empresa debe evitar 57
 Apoyo de liderazgo débil 57
 Alcance demasiado amplio 58
 Estrategia de implementación deficiente 58
 Demasiado énfasis en formación y certificación 59
 Selección de proyectos deficiente 59
 No elegir a un líder de implementación 60
 Implementación aislada 60

CAPÍTULO 10: IDENTIFICACIÓN Y SELECCIÓN DEL PROYECTO 62
    IDENTIFICAR, PRIORIZAR Y SELECCIONAR PROYECTOS 66

CAPÍTULO 11: CÓMO SELECCIONAR UN PROYECTO DMAIC VIABLE 68
    CRITERIOS CRÍTICOS DEL PROYECTO 68

CAPÍTULO 12: VALOR AÑADIDO Y DESPERDICIO 72
    DESPERDICIOS EN PROCESOS TRANSACCIONALES 72
    EJEMPLOS DE PROBLEMAS DE DESPERDICIOS 73

CAPÍTULO 13: EL EQUIPO DE MEJORA DE PROCESOS 79
    LA DESVENTAJA DEL PROCESO DIRIGIDO POR LA GERENCIA 80
    LOS BENEFICIOS DEL PROCESO DIRIGIDO POR EL EQUIPO 81
    CÓMO FORMAR UN EQUIPO GANADOR 81
    CÓMO SELECCIONAR A SUS CANDIDATOS LEAN SEIS SIGMA 83
    EL PROPIETARIO DEL PROCESO 85

CAPÍTULO 14: DISEÑO PARA LEAN SEIS SIGMA 88
    DISEÑO PARA SEIS SIGMA 88
    LA METODOLOGÍA DISEÑO PARA SEIS SIGMA 89
    CÓMO IMPLEMENTAR DISEÑO PARA SEIS SIGMA 90
    LAS BASES DE DISEÑO PARA SEIS SIGMA 91

CONCLUSIÓN 95

Capítulo 1: Entendiendo el pensamiento lean

La filosofía Lean es un conjunto de prácticas, estrategias y métodos que se aplican específicamente en los negocios. Esta filosofía se centra en ayudar a mejorar el negocio y eliminar cualquier desperdicio que pueda estar presente. Algunos piensan que este modelo solo se puede utilizar en la industria de producción o en la fabricación, pero, en realidad, este es un concepto que puede adaptarse fácilmente a cualquier tipo de negocio. Puede ayudar a manejar diferentes aspectos de las operaciones de una empresa, como el valor del consumidor, las redes de suministro y las funciones internas.

Diferentes tipos de organizaciones podrían encontrar que la filosofía Lean puede tener mucho que ofrecerles. Si la usan correctamente, puede proporcionar métodos rigurosos para mejorar la eficiencia y reducir los desperdicios. Si bien comenzó a utilizarse en la manufactura, ahora se ha vuelto completamente evidente que puede usarse en casi todas las industrias, incluidas las del gobierno, panaderías, comercio minorista, aeroespacial, salud y construcción, solo por mencionar algunas.

El aspecto central de la filosofía Lean es tratar de reducir tres tipos principales de variaciones que aparecen en la fabricación. Estas variaciones se denominan *muda*, *mura* y *muri*. *Muda* es una palabra de Japón que significa "inutilidad" o "ineficacia". En negocios, esto se refiere a "desperdicio". Para ayudar a eliminar y reducir el desperdicio, la compañía necesita primero separar las actividades que se consideran de valor agregado de aquellas que le están costando dinero innecesariamente al negocio.

Mura se puede definir como un "desnivel" en los procesos de flujo de trabajo empresarial. Este tipo de desperdicio a veces puede causar tiempos de inactividad innecesarios o fases donde existe una gran cantidad de estrés innecesario en la maquinaria, procesos e incluso empleados. Desde el punto de vista de la administración, el desnivel va a llevar a un gran problema conocido como incertidumbre. Es extremadamente difícil planificar para el futuro y dirigir un negocio si los niveles de incertidumbre son altos. Cualquier tipo de interrupción que ocurra en el proceso del flujo de trabajo puede llevar a la capacidad reducida de la empresa para responder a las necesidades del cliente. Si el cliente solicita un producto de la compañía y tiene la expectativa de que el producto se entregará en una fecha determinada, generar cierta incertidumbre en este contexto puede causar muchos retrasos y caos.

Para que una empresa domine el *mura*, debe tener en cuenta seriamente sus instalaciones, sus protocolos de ensamblaje y la forma en que hace negocios. Para la mayoría de las empresas, es necesario que exista un tipo de metodología para comprender mejor los procesos y mejorar la capacidad de prever posibles problemas.

Finalmente, *muri* se refiere a los desperdicios que resultaron por la sobrecarga de un sistema o de una comprensión deficiente de cómo funciona ese sistema. Si un proceso de negocio o un sistema de producción comienza a sobrecargarse de trabajo, es posible que no solamente las máquinas, sino también los empleados, sufran desgaste. Tener una carga de trabajo extremadamente alta puede ocasionar un fallo del sistema y una gran cantidad de productos defectuosos.

Cuando *muri* y *mura* se combinen, habrá un problema de cuello de botella que surgirá en todas las partes de la organización. La mejor manera de asegurarse de que no está sobrecargando a los empleados o las máquinas es garantizar que su negocio solo se centre en las actividades que agregan valor. La compañía también debe saber cómo minimizar el desperdicio en otras áreas relevantes para ayudar a reducir este tipo de tensión.

Otro concepto que viene con la metodología Lean, y que puede ir de la mano con la reducción e identificación de desperdicios, es el *kaizen*. Esto se refiere a la "mejora continua". Implica crear una cultura dentro de su empresa en la que el grupo o el individuo pueden elegir mejorar cada vez que lo deseen. Este es un concepto que casi todas las industrias han comenzado a adoptar.

La filosofía Lean incorpora muchas herramientas diferentes, pero el factor más importante vinculado con la forma en que afectará a la empresa es una mentalidad atenta. Todos los que están dentro de esa compañía, desde el CEO hasta el administrador de la tienda, deben estar atentos a la hora de eliminar desperdicios, realizar cambios positivos y mejorar continuamente.

Lean y el enfoque SPT (Sistema de Producción Toyota)

Para tener una mejor idea de cómo funciona el pensamiento Lean, debemos analizar los términos y las herramientas que se utilizan en el sistema de producción japonés de Toyota. La metodología de SPT está orientada a comprender cómo funcionan los procesos, descubrir métodos para mejorarlos y luego aprender cómo hacer que los procesos sean más simples y rápidos. Si se terminan descubriendo actividades en el proceso que no son necesarias, el trabajo de la empresa es deshacerse de ellas.

Sin embargo, si su empresa adopta el enfoque SPT, debe darse cuenta de que no es una panacea para todos los problemas que pueda estar experimentando. Este método no tiene que ver con los distintos elementos, sino que hace hincapié en cómo estos elementos se unen para crear un sistema que se pueda poner en práctica de manera constante todos los días. Los principios deben estar integrados en el pensamiento de todos los miembros de la organización, y debe haber una acción constante y una implementación consciente   .

Cómo aprovechar el potencial humano

No importa qué tipo de negocio tenga, es la gente la que formará el núcleo de su enfoque de SPT. Para obtener los resultados que desea, sus empleados deben recibir la capacitación adecuada para poder adoptar las convicciones y valores que ayudan a crear una cultura estable y sólida en su negocio. Esto significa que debe reforzar constantemente esta nueva cultura para garantizar que se convierta en una característica permanente.

Además, cada empresa debe recordar que las personas son las que crean valor. Son las personas las que implementarán los procesos y utilizarán el equipo o la tecnología para realizar el proyecto. Para eliminar los desperdicios internos, primero debe establecer el entorno y la cultura adecuados para que todos puedan actuar.

En algunas situaciones, la filosofía Lean se confundirá con un simple conjunto de técnicas y herramientas. Sin embargo, debe recordar que Lean principalmente trata sobre las personas. Hay muchas compañías que intentan adquirir la metodología Lean y usarla, pero olvidan este punto crucial. Esto los lleva al fracaso, y sufren las consecuencias. El método Lean requiere que todos, desde los niveles más altos hasta los niveles más bajos, cambien su forma de pensar y luego utilicen las herramientas de la metodología Lean para reducir los desperdicios y mejorar el valor ofrecido al cliente.

Esto significa que la empresa necesita saber respetar a su gente. Puede hacerlo educándolos continuamente, capacitándolos, estimulándolos y dándoles autoridad. Cualquier organización que se vea a sí misma como "Lean" tiene que asegurarse de que ve a su gente como su activo más importante. Y como el activo más importante, su gente necesita ser valorada, estimulada y compensada adecuadamente.

Esa es una de las partes más importantes de la metodología Lean, especialmente cuando se trata de Lean Seis Sigma. Si la gente de su compañía no está comprometida, nunca verá la finalización exitosa de su proyecto. No importa cuánto la gerencia, el propietario o alguien más quiera que Lean Seis Sigma funcione. Si solo unas pocas personas comparten el entusiasmo, nunca va a funcionar.

Una vez que pueda inculcar a todos los miembros de la empresa la idea de Lean Seis Sigma y logre ayudar a las personas adecuadas a formarse en la metodología, aumentará sus posibilidades de éxito cuando implemente sus proyectos. Esta guía profundizará para explicar la importancia de que todos se unan a Lean Seis Sigma y mostrarle algunos métodos que puede usar para asegurarse de que todos en su organización lo hagan.

Capítulo 2: Las bases de Seis Sigma

Cómo se puede aplicar Seis Sigma a la filosofía Lean

Ahora que sabemos un poco acerca de la filosofía Lean, es hora de entender Seis Sigma para que pueda ver cómo estas dos se combinan para crear una metodología que realmente cambia la forma de sus negocios.

Las empresas y organizaciones existen para servir a sus constituyentes. Estos pueden incluir los accionistas y los propietarios de la compañía junto con los clientes que compran los productos y servicios que ofrecen. Debido a esto, cada organización y empresa necesita encontrar una manera de crear valor. Una organización eficiente y efectiva debe asegurarse de que su salida sea mayor que la entrada y que el valor que se agregará se creará con los mínimos recursos.

El propósito principal de trabajar con Seis Sigma es permitir que la administración aplique principios científicos y de resolución de problemas para obtener el máximo valor a un costo mínimo. La técnica implica poder aplicar una metodología estructurada para mejorar cualquier aspecto del proceso de negocio que ya existe. También está allí para ayudarle a diseñar nuevos productos y procesos con mayor calidad y rendimiento.

¿Qué es Seis Sigma?

Seis Sigma puede definirse como una aplicación completa, enfocada y efectiva de técnicas y metodologías de calidad comprobada. Este proceso pretende asegurarse de que pueda eliminar todos los errores y defectos posibles en el funcionamiento de una empresa. Sigma es la letra griega usada para medir la variabilidad.

El nivel sigma de los procesos medirá el cumplimiento de la empresa. En el pasado, la mayoría de las empresas se contentaban con mantener un nivel sigma de tres o cuatro. Incluso a este nivel, la compañía crearía decenas de miles de productos defectuosos por cada millón. Esta es una cantidad alta. Debido a las expectativas de los clientes que han aumentado en los últimos años, Seis Sigma fue establecido en 3,4 defectos por millón de muestras.

Las técnicas y herramientas que Seis Sigma puede usar se aplicarán con la ayuda de un marco: un modelo de mejora del rendimiento denominado DMAIC (por sus siglas en inglés: Define, Measure, Analyze, Improve, Control). Estas letras representan:

- **D**: Defina los objetivos de la actividad que usará para mejorar algo en el negocio.
- **M**: Mida el sistema que ya tiene instalado.
- **A**: Analice el sistema para determinar cómo eliminar la brecha entre el rendimiento actual del sistema / proceso y el rendimiento objetivo.
- **I:** Mejore el sistema.
- **C**: Controle el nuevo sistema.

¿Por qué elegir Seis Sigma?

Durante la década de 1970, una empresa de Japón se hizo cargo de la planta de Motorola que estaba al mando de la fabricación de televisores. Esta nueva compañía decidió que era hora de implementar algunos grandes cambios en la forma en que estaba funcionando la fábrica. Los nuevos gerentes consiguieron que la fábrica produjera televisores que tenían una veinteava parte de defectos que los que la compañía producía en el pasado.

Lo más sorprendente de esto fue que estos resultados se lograron con los mismos trabajadores, diseños y tecnología que antes. Además, los costos se redujeron durante el mismo período de tiempo. Muy pronto se hizo evidente que el principal problema que había ocurrido con Motorola era la administración anterior que dirigía la fábrica.

La mayoría de las personas asume que el proceso de Seis Sigma trata solo sobre calidad porque se define de manera convencional. La calidad se ha definido tradicionalmente como "conformidad con los requisitos internos". Sin embargo, esta no es la mejor definición de calidad, y no nos dará una idea muy precisa de lo que realmente es Seis Sigma.

Seis Sigma implica brindar a la organización una manera de mejorar la eficiencia de sus procesos e incrementar el valor para el cliente con la expectativa de aumentar sus ganancias. Para enlazar este objetivo con la calidad, se debe utilizar una nueva definición.

Cuando aplica los principios de Seis Sigma, la calidad se definirá como "el valor agregado por un esfuerzo productivo". Hay dos tipos principales de calidad de los que hablamos aquí: calidad potencial y real. Con la calidad potencial, nos referimos al valor máximo que se puede agregar a cada unidad de entrada. Mientras tanto, la calidad real se refiere al valor actual que se agrega a cada unidad de entrada. La diferencia entre estas dos es el desperdicio.

El enfoque que viene con Seis Sigma trata sobre utilizarlo para eliminar el desperdicio y mejorar la calidad de los productos y servicios dentro de una empresa. A diferencia de muchos programas de reducción de costes con los que a algunas empresas les gusta trabajar, Seis Sigma no está tratando de reducir la calidad y el valor de los productos y servicios que ofrece para reducir gastos; toma una ruta diferente. Hace énfasis en identificar y luego eliminar los costos que no terminan agregando valor a los clientes, incluso cuando la calidad del producto mejora.

La mayoría de las compañías están dispuestas a sacrificar la calidad para poder reducir sus costos y ganar más dinero. Pero este no es un buen método si su empresa desea mantener a los clientes y ganar más dinero. Seis Sigma tampoco sigue esta filosofía. Se enfoca continuamente en las necesidades del cliente, eliminando defectos, reduciendo el tiempo de ciclo y ayudando al cliente a ahorrar mucho en costes.

No obstante, también es importante comprender el nivel sigma: va a estar directamente relacionado con el nivel de calidad. Como describimos anteriormente, una compañía Seis Sigma no logrará cumplir sus requisitos aproximadamente tres veces por cada millón de muestras. Cuando nos fijamos en una empresa promedio, generalmente clasificada como Cuatro Sigma, no cumplirá con los requisitos de calidad aproximadamente 6210 veces cada millón de operaciones. ¡Piense en la diferencia que esto supone en desperdicios, satisfacción del cliente y otros!

Los estudios también han demostrado que las compañías que están en un Cuatro Sigma tienen más probabilidades de experimentar altos costos operativos, principalmente porque del 25 al 40 por ciento de sus ingresos se utilizará para ayudar a solucionar problemas.

Por otro lado, las empresas que usan Seis Sigma y tienen éxito pueden gastar solo el cinco por ciento, si no menos, de sus ingresos en solucionar los problemas que surjan. Esta brecha se conoce como el coste de la mala calidad, y varias investigaciones han demostrado que la brecha les cuesta a las compañías con sigma cuatro un total de diez mil millones de dólares cada año. Puede ver por qué la implementación de Seis Sigma puede ser una excelente manera de asegurarse mantener sus costos bajos mientras sigue brindando un buen producto o servicio a sus clientes.

Una de las preguntas que su empresa siempre debe hacerse es "¿por qué es necesario relacionar los costos con los niveles sigma?" Resumiendo, los niveles sigma están ahí para indicar las tasas de error y, como cada persona de negocios sabe, dedicar tiempo a la reparación de errores cuesta dinero.

A medida que su nivel de sigma comience a subir, las tasas de error y sus costos operativos comenzarán a disminuir bruscamente. La verdad es que, en el mundo moderno de los negocios, nadie quiere tolerar muchos errores y defectos cuando están trabajando en la producción de su producto o servicio, porque esto le puede costar a la empresa mucho dinero.

La filosofía Seis Sigma

Para implementar Seis Sigma, deberá trabajar con varios métodos científicos para ayudar a diseñar y operar sus sistemas y procesos de gestión empresarial. Esto se hace para ayudar a sus empleados a proporcionar más valor, tanto a los accionistas como a sus clientes. Un buen ejemplo del método científico utilizado con Seis Sigma es el siguiente:

1. Se identificará una parte crítica del mercado o del negocio.
2. Una vez que se encuentra, se forma una hipótesis consistente con su observación.
3. Usted hace algunas predicciones basadas en la hipótesis que se forma.
4. Luego se realizan experimentos para probar las predicciones que hizo. Según los nuevos datos recopilados, es posible que deba realizar algunos cambios

en la hipótesis. Si hay variaciones, entonces necesitaría usar algunas herramientas estadísticas para ayudar a distinguir entre el ruido y la señal.
5. Repita los pasos tres y cuatro hasta que ya no haya discrepancias entre la hipótesis y los resultados reales que obtiene.

Si bien esta es una versión simplificada del método que se utiliza cuando usa Seis Sigma, es muy efectivo. Si utiliza este método durante un período de tiempo más prolongado, su empresa podrá desarrollar una teoría viable que le facilitará la comprensión de sus procesos empresariales y de sus clientes.

En realidad, muchas empresas toman decisiones importantes, pero no son capaces de proporcionar datos concretos para explicar algunas de estas decisiones. Sin embargo, si utilizan el método científico del que acabamos de hablar y lo implementan continuamente, se creará un cambio de actitud fundamental que hará que la administración cuestione si lo que saben coincide con lo que muestran los datos.

El objetivo de esta filosofía es cambiar el enfoque de todas las partes interesadas de la compañía: los clientes y los propietarios. Si los procesos, así como los sistemas de gestión de una empresa, están diseñados correctamente y los administran empleados que están contentos, sus partes interesadas estarán satisfechas.

El problema aquí es que muchas empresas tradicionales creen que realmente hacen esto cuando en realidad no lo hacen. La gran diferencia es que una empresa que utiliza Seis Sigma adoptará un enfoque más riguroso y sistemático cuando implemente esta nueva filosofía.

Pasar a la acción

El mundo de los negocios se mueve muy rápidamente. Esto significa que una compañía que planea implementar Seis Sigma no tendrá el lujo de pasar años investigando un problema antes de tomar la decisión que desea utilizar. Para la administración en una de estas compañías, es fundamental determinar cuánta información les resultará suficientemente útil como para tomar el curso de acción que desean.

Una vez que la gerencia esté segura de que tienen suficiente información para tomar una decisión, entonces el proyecto podrá pasar de la fase de análisis en la que se encontraban, a la etapa de mejora, o de la fase de mejora a la etapa de control. Si bien la compañía habría descubierto muchas más oportunidades si hubiese podido pasar más tiempo revisando la información, todavía tendrá menos errores en comparación con una compañía que no utiliza las técnicas de Seis Sigma en absoluto.

Capítulo 3: ¿Qué es Lean Seis Sigma?

Lean Seis Sigma tiene su origen en el concepto de Seis Sigma. La filosofía de Seis Sigma se remonta a mediados de los años ochenta cuando las compañías de producción estadounidenses necesitaban un método para cambiar su estilo de producción y competir con los estilos de producción japoneses predominantes y superiores. El resultado fue Seis Sigma, una metodología mediante la cual las empresas podían eliminar los desperdicios en su proceso de fabricación de manera fácil y efectiva.

Lean Seis Sigma, específicamente, se basa en la integración de Seis Sigma con Lean Manufacturing y Lean Enterprise. En esencia, toma conceptos de ambos y los integra en un solo sistema. Todo el objetivo de Lean Seis Sigma es reducir de forma masiva la cantidad de desperdicios que se producen en la fabricación de productos. Para desglosar sus dos partes, el aspecto Lean se centra en descomponer el proceso de producción de tal manera que se elimine la cantidad máxima posible de desperdicios en la fabricación. Si recuerda, estos desechos se conocen como *muda* y se pueden recordar en conjunto a través del acrónimo DOWNTIME. Trataremos eso en un momento.

La parte Seis Sigma se basa en la utilización de cinco procesos clave o fases denominadas DMAIC, que se tratarán específicamente en el siguiente capítulo. Estas fases están destinadas a ayudar con el análisis general de los flujos de trabajo y los procesos de negocio para mejorarlos de tal manera que el objetivo final del proceso se logre de un modo más significativo y predecible. Seis Sigma se centra particularmente en la implementación de tecnologías de análisis de datos para llegar a conclusiones significativas con respecto a los procesos de negocio y las mejores prácticas en todos los ámbitos relevantes.

Ahora, teniendo todo esto en cuenta, tomemos un segundo para analizar los diferentes tipos de desperdicios que Lean Seis Sigma pretende eliminar mediante la implementación de diversas prácticas.

El desperdicio se ha definido como lo absolutamente prescindible para que una empresa obtenga la mayor cantidad de beneficios posible. Por lo tanto, el desperdicio cuenta como algo adicional que se le resta al producto: comprar demasiado equipo o demasiadas partes, el uso excesivo de esas cosas más allá de su máximo potencial de ganancias, y cualquier trabajo adicional más allá de lo que se necesita para generar la mayor ganancia posible.

El sistema Lean define ocho tipos diferentes de desperdicios.

El primer tipo importante de desperdicio son los *Defects* o defectos. La idea de defectos se refiere a la necesidad de deshacerse de cualquier producto dado porque un componente o el producto en sí es defectuoso. El sistema Lean Seis Sigma tiene como objetivo analizar dónde y cómo se producen estos defectos para minimizarlos.

Después de los defectos llega el concepto de *Over-Production* o sobreproducción. Esta se refiere a hacer más de un producto que la cantidad que se puede comprar y consumir. Esto crea desperdicios de muchas maneras diferentes. En primer lugar, significa que la empresa está malgastando recursos, monetarios o de otro tipo, en cosas que, en última instancia, solo perjudicarán su margen de beneficio. Además, los productos eventualmente se convertirán en basura o podrían comprarse a un precio mucho más bajo que el valor al que estaban destinados a venderse, lo que significa que la empresa sufre pérdidas al tiempo que perjudica al medio ambiente en el proceso. Cuando se trata de sobreproducción, el productor también necesita comprender que las necesidades del cliente y, lo que es más importante, las fuerzas del mercado, son dinámicas.

El siguiente tipo importante de desperdicio es el concepto de *Waiting* o espera. La espera se refiere a cualquier tipo de tiempo de inactividad dentro de la compañía donde se paga la mano de obra, pero no se utiliza. Otro ejemplo es cuando un producto está parado, esperando a ser procesado o enviado. Como ejemplo, digamos que una empresa tiene un producto que necesita un procesamiento final. Sin embargo, en lugar de dedicarse a ello, la compañía espera una cantidad de tiempo excesiva, permitiendo que el producto permanezca en el estante, listo para ser procesado.

Luego viene el concepto extremadamente importante de *Non-Utilized Talent* o negligencia (también llamado talento defectuoso o no utilizado). La negligencia se refiere a cómo una empresa puede, literalmente, descuidar el uso de todas las habilidades que sus trabajadores tienen para ofrecer o dejar de permitir que los trabajadores se den entre ellos y a la alta gerencia la capacidad de compartir información y aprender unos de otros. En cambio, las tareas se delegan de una manera muy jerárquica, y existe una negativa obstinada a permitir que los roles rígidos que los trabajadores desempeñan cambien de cualquier manera o forma.

Después de la negligencia está el *Transportation* o transporte. El transporte se refiere al hecho de que cada vez que una cosa se transporta de un lugar a otro, la compañía corre el riesgo de que ese producto se pierda, se dañe o que su lanzamiento y la fecha de envío se retrasen, o ambas cosas. Además, el proceso de transporte aumenta el costo del producto, pero no genera ningún tipo de valor para el producto en sí.

Hablemos ahora de *Inventory* o inventario. El inventario se refiere a cualquier recurso o producto no finalizado de un recurso que aún no se ha convertido en su forma final vendible y, por lo tanto, solo ocupa recursos espaciales vitales. Está generando pérdidas a la empresa al desperdiciar horas de trabajo y ocupando espacio físico que podría usarse para otra cosa. Mantener un flujo de trabajo estable permitirá que esto se mitigue lo más posible, asegurando que los productos y los recursos no se limiten a esperar a ser completados.

La penúltima letra en nuestro acrónimo significa *Motion* o movimiento. El concepto de movimiento está en paralelo al concepto de transporte. Mientras que ambos hacen referencia a una cosa u otra, el tipo de desperdicio de movimiento se refiere a cualquier tipo de efecto negativo o daño que incurre en los recursos que realmente generan el producto. En esencia, si los trabajadores se lastiman o si las máquinas se averían con el tiempo debido al uso continuado, esto podría considerarse una forma de desperdicio de movimiento. El movimiento también se refiere a cualquier momento en que las máquinas deban apagarse o que se permita a los trabajadores tomar un descanso debido a la reparación de estas.

El último tipo importante de desperdicio es *Excess* o exceso (también llamado procesamiento adicional). Exceso se refiere a la idea de hacer cosas a un producto que, aunque agrega más valor, el consumidor del producto no necesita ni quiere. Esto significa que la empresa desperdicia dinero y recursos en funciones adicionales que, en última instancia, no son apreciadas ni inútiles.

Estos conceptos que forman el acrónimo DOWNTIME en inglés, son las principales formas de desperdicio que el sistema Lean Seis Sigma pretende reducir o eliminar por completo. Lean Manufacturing y Lean Enterprise están específicamente orientados a eliminar estas formas de desperdicio.

El sistema Seis Sigma se integra extremadamente bien con el sistema Lean; es casi sinérgico, de hecho. Mientras Lean Manufacturing se centra en el desperdicio, Seis Sigma pone énfasis en los procesos incrementales y el análisis de datos para frenar dichos desperdicios y garantizar que la compañía avanza de la mejor manera posible.

Herramientas de Seis Sigma

Hay muchas herramientas diferentes a su disposición al trabajar con Seis Sigma. Algunas de las claves que tal vez desee utilizar al implementar Lean Seis Sigma en su negocio incluyen las siguientes:

- Control del proceso estadístico
- Voz del cliente
- Diseño de procesos
- Análisis de causa raíz
- Gestión de procesos
- Cuadro de mando integral o Balanced Scorecard
- Gestión de procesos de negocio
- Gestión de cambios
- Mejora continua

Seis Sigma es una excelente metodología de uso que garantizará que pueda reducir al mínimo la tasa de defectos y reducir los desperdicios. Cuando pueda combinarla junto con la filosofía Lean, descubrirá que su negocio alcanzará un nivel completamente nuevo y estará mejor equipado para competir en el mundo de los negocios y obtener una ventaja competitiva.

¿Por qué debería trabajar con Seis Sigma?

Si su negocio está prosperando y le va bastante bien, ¿por qué querría aplicar alguno de los métodos de Seis Sigma? ¿Por qué tantas empresas diferentes adoptan este enfoque? Si bien algunas empresas que han probado este sistema no lograron sus objetivos generales, las que aplicaron este enfoque utilizando las herramientas y los métodos correctos vieron algunos resultados. Hay muchos beneficios que vienen con la implementación de Seis Sigma, y estos son los siguientes:

- Puede ayudar a fortalecer el negocio y aumentará las posibilidades de que la compañía sobreviva y tenga éxito. Seis Sigma puede proporcionar las herramientas necesarias para cambiar e innovar junto con el mercado, haciendo que el éxito sea más alcanzable.
- Hace que todos trabajen con la misma meta de rendimiento. No importa el tamaño de la empresa, asegurarse de que todos los empleados trabajen hacia un objetivo común puede ser difícil. Dado que cada unidad en su empresa tendrá sus propios objetivos para trabajar, el único hilo común es la entrega de servicios, productos e información al cliente. Al centrarse en el proceso y los clientes, Seis Sigma puede desarrollar un objetivo coherente y un nivel de rendimiento casi perfecto.
- Prioriza el valor para los clientes. Muchas empresas que utilizan esta metodología dicen que les ha ayudado a mejorar su perspectiva de lo que el valor significa para los clientes. A pesar de que una empresa ya puede tener el título de ser la mejor en el campo, el rendimiento a menudo está muy lejos de lo que el cliente espera. Seis Sigma le permite a la compañía centrarse en brindar un buen valor al cliente sin dejar de obtener ganancias.
- Puede ahorrar rendimiento y puede incrementar la tasa de mejora. No hay ninguna organización que no tenga como objetivo mejorar cada día, pero la mayoría fracasa. Seis Sigma brinda a la empresa la capacidad de adoptar herramientas y conceptos de una amplia variedad de disciplinas para ayudar a establecer una base que acelere el rendimiento y la mejora.
- Se puede crear una empresa que aprenda. Cuando sus empleados aprenden constantemente, significa que

obtendrá más ideas de ellos, y esto puede empujarla hacia el futuro.

Los principios de Lean

Si bien pasaremos más tiempo hablando sobre estos principios más adelante, a medida que avanzamos en esta guía, es importante comprender bien la filosofía Lean antes de comenzar con Lean Seis Sigma. Para implementar esta filosofía en su empresa, debe considerar estos cinco principios antes:

1. Comience por especificar el valor del producto, pero mírelo desde la perspectiva de su consumidor final. El valor será definido por el cliente y no por la empresa. No importa lo que piense del producto. Si al cliente no le gusta, no lo va a comprar. Es necesario que usted, como empresa, comprenda sus procesos, mejore el flujo y evite el desperdicio tanto como sea posible.
2. Determine los pasos en su flujo de valor para su producto o una familia particular de productos. Una vez que tenga todos los pasos frente a usted, es más fácil ver cuál de ellos no agrega ningún valor y simplemente está desperdiciando tiempo.
3. Asegúrese de que los pasos que quedan son los necesarios y agregan algún valor al proceso. Además, asegúrese de que estos pasos estén en una secuencia cerrada. Esto asegura que el producto podrá fluir sin problemas, sin desperdicios ni costos adicionales, directamente al cliente.
4. Una vez que establece su flujo y está seguro de que se han eliminado los pasos innecesarios, puede posibilitar que los clientes obtengan valor de sus nuevos procesos.
5. Inicie este proceso nuevamente. Deseará seguir repitiendo estos pasos hasta acercarse a la perfección.

Lean thinking, o pensamiento lean, existe para proporcionar a su empresa una manera eficaz de mejorar la cantidad de valor que sus clientes pueden recibir al eliminar los desperdicios y al allanar el flujo de proceso.

Capítulo 4: Fases de Lean Seis Sigma

Este capítulo se centra en las fases específicas de Lean Seis Sigma y sus objetivos individuales. Como se mencionó en el capítulo anterior, el proceso Seis Sigma se basa en un sistema de cinco fases conocido como DMAIC. DMAIC es la abreviatura de Definir, Medir, Analizar, *Improve* (mejorar) y Controlar. Este capítulo desglosará todo esto para que pueda comprender mejor qué se pretende que hagan todas estas fases y qué proporcionan al usuario.

Fase 1: Definición

La fase de definición se basa en el simple objetivo de comprender cuál es la meta final del proceso con respecto a las medidas de revisión de la empresa y del flujo de trabajo. La primera parte esencial de esto es aprender cuál es su problema. Como Lean Seis Sigma se basa en la administración de su producción y el refinamiento de su proceso general de producción, debe definir su problema, antes que nada, y su problema en su método de producción. En algún lugar a lo largo de la línea, está malgastando su metodología de producción. Es posible que esté gastando demasiado en cosas innecesarias, o que simplemente esté gastando dinero donde no lo necesita. Esta parte del proceso consiste en encontrar cuál es ese problema y luego definir metas claras para todo el proceso.

Análisis Kano

La idea del análisis Kano es observar su producto o su proceso de producción y tratar de encontrar lugares donde se puedan hacer recortes. Esencialmente, está delineando los requisitos del producto y / o el proceso de producción y luego los divide en cinco grupos diferentes: requisitos básicos, que son las cosas que debe hacer absolutamente; requisitos de rendimiento, que son las cosas que realmente ayudan a mejorar la satisfacción final para el destinatario final del producto; requisitos indiferentes, o cosas que no ayudarán ni perjudicarán la satisfacción final del cliente y, por lo tanto, no son necesarias; requisitos inversos, que son cosas que realmente pueden perjudicarle si se cumplen; y los requisitos de deleite, que son cosas que están destinadas a atraer personas a un producto determinado, incluso si no son realmente necesarias para que el producto o el proceso de producción se ejecuten según lo previsto. Nuevamente, estos pueden referirse a la satisfacción final del cliente con el proceso o al estado general de ejecución del proceso de producción.

La fase de definición será la primera con la que se trabajará en Lean Seis Sigma. Los líderes del proyecto propondrán un plan de proyecto con el que quieran trabajar. Luego, desarrollarán una visión de alto nivel del proceso y entonces continuarán con la comprensión de las necesidades de los clientes. El equipo debe crear un esquema que pueda usar para guiar todos sus esfuerzos. Este esquema debe incluir algunas cosas importantes como la definición del problema, los objetivos, el proceso y el cliente.

Al definir un problema, debe presentar una declaración del problema. Debe haber datos que muestren que este problema ya existe dentro de un proceso. Luego, el equipo debe verificar que este problema sea de alta prioridad y que, si no se resuelve, tendrá un gran impacto en la empresa. Por último, deben determinar si la empresa tiene recursos suficientes para resolver el problema.

La definición de la declaración del problema implica la definición de términos medibles y limitados en el tiempo de cómo se verá el éxito del proyecto. Se pueden tomar tiempo para definir un proceso haciendo mapas para ayudar al equipo a decidir qué áreas son las más críticas y se deben examinar. La definición del cliente y todas sus necesidades implicarán ponerse en contacto con al menos algunos de estos clientes para escuchar lo que tienen que decir. Esto le proporcionará a su equipo información que puede ser muy útil para resolver sus problemas.

Fase 2: Medición

La fase de medición gira en torno a la obtención de métricas actuales con respecto a la producción y el desperdicio para que usted tenga algo concreto sobre lo que comenzar. Le ayudará a tener una idea de dónde necesita desarrollar y dónde se encuentra su referencia. Este es uno de los puntos más críticos en todo el proceso.

Este paso es donde se cuantifica el problema. Es importante que mida constantemente el proceso con los líderes de equipo que deben centrarse en la recopilación de datos. El primer paso aquí es establecer el rendimiento actual de su proceso o referencia que puede usar para medir cómo van las cosas. Debe establecer esta referencia antes de realizar cambios importantes.

El segundo paso es determinar la causa de los desperdicios o el problema con la ayuda de los datos que recopiló. El equipo debe ser capaz de crear un plan muy detallado para recopilar datos, y debe incluir dónde obtendrán los datos, cuántos deben recopilar y quién será responsable de esta tarea. Asegúrese de que su equipo pueda recopilar datos fiables en lugar de hacer suposiciones.

Finalmente, el equipo necesita poder actualizar el plan del proyecto. Cuando hayan terminado con la fase de medición, debería haber mucha información sobre la ejecución del proceso, los objetivos y los problemas.

Plan de proyecto

El plan de proyecto puede ayudarlo enormemente a desarrollar una idea de lo que es necesario para los próximos pasos. El plan de proyecto se compone de cinco aspectos. El primer aspecto es el caso de negocio, que describe por qué el proyecto en cuestión es importante. En el contexto de Lean Seis Sigma, esto tiene que ver con garantizar que se eliminen los residuos. El segundo aspecto es la declaración del problema al que se enfrenta y el objetivo final de todo el proyecto. El tercero es el alcance del proyecto, que define lo que cubre el proyecto e, idealmente, qué cosas describen el final del proyecto. El cuarto es el hito del proyecto, que detalla cuándo deben completarse diferentes tareas en el contexto del proyecto. El último es la delegación de recursos y roles, donde se define lo que necesitará y lo que todos harán.

Fase 3: Análisis

Durante la etapa de análisis, tratará de determinar las razones de los problemas en su proceso y cuáles son las causas principales de esos problemas. Este proceso implica que su equipo identifique la causa raíz del problema. El trabajo de su equipo es recopilar los datos, y puede incluso dividirlos de acuerdo con los tipos de datos que necesita. El equipo de revisión se habrá tomado el tiempo necesario para analizar los datos recopilados durante su fase de medición, y pueden elegir si desean o no incluir más información aquí. El objetivo de este paso es encontrar las causas principales de todos los desperdicios y defectos.

Durante esta fase, es importante que inspeccione cada paso del proceso con la ayuda de un análisis de proceso. El equipo debe realizar una lluvia de ideas sobre todas las causas probables de los desperdicios, los defectos y el tiempo perdido. Antes de finalizar este paso y pasar a la fase de mejora, las causas de su problema deben verificarse nuevamente. Una vez que se obtienen los datos adicionales, puede actualizar el plan del proyecto.

Prueba de hipótesis

En el proceso de análisis, va a llevar a cabo lo que se llama prueba de hipótesis. Lo que esencialmente significa la prueba de hipótesis es encontrar diferentes razones por las que una cosa u otra está sucediendo. Si es posible, tratará de forzar una medida estadística de comparación entre las dos midiendo la probabilidad de que se produzca un error o el otro. Va a comprimir sus comparaciones en una causa raíz única que luego pueda tratar de arreglar.

Fase 4: Mejora

La fase de mejora, está dedicada a encontrar una solución para el problema o los problemas identificados en la última fase del proceso DMAIC. En última instancia, está tratando de encontrar algún tipo de solución significativa, y luego implementar esa solución a través del tiempo gracias a un plan de acción implementado estratégicamente.

Parámetro de la solución

En el método de parámetro de la solución, intentará nombrar diferentes soluciones y luego establecerá parámetros para cada una. Estos parámetros deben responder preguntas esenciales, como, por ejemplo, cómo cada solución es superior a las demás. Luego, proponga numerosas soluciones y escriba una declaración de decisión que describa todos los aspectos diferentes que una solución dada debe cumplir.

Después, comience a clasificar sus criterios en dos categorías diferentes: las cosas que deben suceder y las cosas que quiere que sucedan. Cuando una solución no satisface la primera categoría, el equipo sabe que no es una solución adecuada. El equipo puede usar la segunda categoría para decidir una solución determinada.

Solución piloto

Después, debe intentar implementar la solución en cuestión y ver cómo funciona. Si los resultados son positivos, entonces sabe que la solución es válida y puede intentar adaptarla a una escala mucho mayor.

Fase 5: Control

La última fase es la de control, que se basa en la monitorización de los cambios implementados durante un período de tiempo más largo y en asegurar que los cambios merecen la pena y que continúan funcionando. Esta fase también tiene como objetivo asegurarse de que exista una infraestructura apropiada para ayudar a garantizar que no vuelvan a surgir los mismos problemas y que las soluciones funcionen de manera efectiva a largo plazo. Con el tiempo, observe su solución y sus diversas métricas para asegurarse de que está avanzando como esperaba; esto le dará un importante marco de referencia para la implementación y el mantenimiento a largo plazo.

El objetivo de esta etapa es mantener la nueva solución que ha implementado. Es similar a lo que se ve en la gestión de procesos, y el equipo involucrado dedicará tiempo a documentar cómo los empleados dentro de este proceso accederán y luego utilizarán su nueva infraestructura. Tenga en cuenta que este proceso siempre debe ser trabajado y mejorado y que el control nunca debe realizarse tan solo una vez.

Lo que esto significa es que el equipo a cargo de descubrir y desarrollar nuevas soluciones debe identificar algunos parámetros que deben monitorear en todo momento, y esto también debe ir de la mano con un plan de respuesta en caso de que surja algún problema. Debería haber muchas formas de documentar el proceso, incluido el uso de mapas de proceso y listas de verificación. El nuevo conocimiento adquirido se utilizará para mejorar los procesos en otras partes de la empresa. Por supuesto, cada proyecto que ha sido exitoso debe ser compartido y celebrado con todos.

Capítulo 5: Combinando Lean y Seis Sigma

Como puede ver, hay muchos pasos para el proceso Seis Sigma, pero no es tan complicado como podría parecer. El proceso Seis Sigma y el Lean ideal en realidad funcionan muy bien juntos, lo que le permite reducir enormemente el desperdicio en todo su flujo de trabajo. Específicamente, a través del análisis de datos de Lean Sigma y de la fase de medición, podrá encontrar lugares en su proceso que deben mejorarse.

A continuación, podrá utilizar las metodologías Lean y Seis Sigma de forma sistemática para crear una gran cantidad de soluciones. Estas soluciones tienen un gran potencial para mejorar su producción de manera integral. La mejor manera de implementar las dos juntas sería comenzar desde lo más alto, con los problemas más generales con respecto a su proceso de producción y dónde van las cosas mal.

Si encuentra que, por ejemplo, está perdiendo mucho tiempo esperando, entonces debería tratar de encontrar la manera de eliminar la mayor cantidad posible de dicho tipo de desperdicio. Luego, debe trabajar hacia abajo, encontrando cada vez menos problemas generales a medida que ajusta su proceso de producción y trata de eliminar tantas fuentes de desperdicio como sea posible. Lean Seis Sigma está diseñado para ayudarlo a comprender por qué y cómo su empresa está generando pérdidas, y le brinda las herramientas y el marco para intentar solucionarlo usted mismo.

Todas las empresas tienen el mismo objetivo en mente cuando se trata de dirigir su negocio. Quieren producir un producto lo más barato posible y entregárselo al cliente lo más rápido posible, y quieren hacerlo con la menor cantidad posible de obstáculos y dificultades.

El vínculo débil con este cambio también es el vínculo potencialmente más fuerte: las personas. Cada compañía necesita tener mucha gente para ayudar a que funcione. Necesitan aquellos que hacen el producto, aquellos que envían el producto a los clientes, los que responden preguntas, los que ayudan a los clientes, los que comercializan el producto y mucho más. Si las personas saben cómo hacer su trabajo y están dispuestas a trabajar juntas, se convierten en un vínculo sólido para la empresa; sin embargo, si la empresa no tiene personas que puedan trabajar juntas, especialmente en muchos departamentos diferentes, se podrían generar muchos desperdicios.

Para asegurarse de que está aumentando la productividad de las personas para minimizar parte de su riesgo y sus desperdicios, tendrá que recurrir a un proceso que funcione. El proceso Lean fue desarrollado originalmente por la compañía Toyota. Decidieron que estaban perdiendo mucho tiempo y dinero en sus plantas de fabricación y decidieron hacer cambios para disminuir todo este desperdicio. Los cambios terminaron aumentando la eficiencia de la empresa Toyota.

Desde entonces, las filosofías de producción Lean se han incorporado a muchas empresas diferentes y las han ayudado a eliminar los desperdicios y obtener mejores resultados. Aunque originalmente fue desarrollado como una herramienta de fabricación, se ha abierto camino en muchos tipos diferentes de negocios, así como en muchas industrias y tiendas. El pensamiento lean, o lean thinking, se puede encontrar en muchas industrias diferentes, como las empresas de software.

Mientras Toyota trabajaba en el desarrollo de la filosofía Lean, Motorola estaba haciendo algo similar con su metodología Seis Sigma. Esta metodología fue ampliamente reconocida durante la década de 1990 cuando General Electric, con la ayuda de su líder Jack Welch, desarrolló una de las piedras angulares del negocio. Estas dos empresas terminaron necesitando lograr lo mismo. Querían poder combinar la eficiencia de su gente con el requisito de reducir los desperdicios. Los dos conceptos están ahora vinculados. Comparten muchas similitudes, y la mayoría de las empresas optarán por el enfoque Lean Seis Sigma en lugar de usarlos por separado.

Si bien Seis Sigma se enfoca en mejorar el proceso de un negocio con la ayuda de un análisis estadístico de las métricas de producción, la metodología Lean se enfoca en mejorar el flujo del negocio y luego eliminar cualquier área del proceso que sea disruptiva e irregular. Estas pueden ser tan simples como tener herramientas u otros elementos en posiciones incómodas o tener una estación de trabajo desorganizada que fatigue el cuerpo y la mente.

Cada negocio tendrá que decidir cómo quiere hacer estas mejoras. Al tener un equipo en posición que revise todos los lugares del negocio que necesitan mejoras y luego priorizar lo que se debe hacer primero, se asegurarán de seleccionar los proyectos que les brindarán los mayores beneficios.

Al igual que muchos otros términos comerciales, el concepto de flujo puede atravesar una variedad de fronteras. Programadores profesionales, atletas y artistas buscan entrar en un estado que se conoce como "la zona". Estas técnicas y procesos de fabricación facilitarán que sus empleados sean lo más efectivos posible al tiempo que disfrutan de unas condiciones de trabajo satisfactorias.

Si bien la mayor parte de Seis Sigma trata principalmente sobre estadísticas, Lean es más sobre el flujo del trabajo. Pero a pesar de estas diferencias, tienen a la gente como componente en común. Si puede lograr que las personas sean parte del proceso de la manera correcta y desde el principio, el resto será fácil.

Algunas teorías establecen cómo el uso de Seis Sigma y Lean juntos parecen ser anti-intuitivo, pero funcionan bien como una entidad a pesar de eso. Esto se debe a que cuando los combina, ambos pueden realizar mejoras financieras positivas en una organización a través de un buen retorno de la inversión.

La idea principal aquí es que debe poder utilizar Seis Sigma y la metodología Lean combinados. Para lograr la excelencia operativa que busca obtener, no los trate como entidades o procesos separados.

Cuando utilice la metodología Lean y Seis Sigma, aprenderá cómo concentrarse en el propósito, las personas y el proceso. Esto le permitirá lograr una mejor transmisión de valor que terminará entregando el valor más alto a su cliente, la calidad más alta que puede producir y el costo más bajo para el negocio. Le dará una ventaja competitiva sobre los demás, siempre y cuando lo use de la manera adecuada y le dará la diferenciación que su empresa puede estar requiriendo en este momento.

Muchas compañías podrían estar explorando diferentes opciones que se pueden usar para reducir el desperdicio en sus empresas y ser más eficientes. Saben que esto les ayudará a brindar un mejor servicio al cliente, a hacer un mejor producto e incluso a ahorrar mucho dinero. Lo bueno es que, si está considerando si desea utilizar la metodología Lean o Seis Sigma, puede combinar estas dos en la metodología Lean Seis Sigma y obtener resultados asombrosos.

Capítulo 6: Preparándose para Lean Seis Sigma

Ahora que sabe un poco más sobre Lean Seis Sigma, es hora de prepararse para implementarlo. Muchas de las compañías deciden no trabajar con Lean Seis Sigma porque piensan que los métodos son demasiado complejos. Afirman que simplemente no tienen los recursos adecuados para desarrollar una infraestructura y luego formar a los empleados según los requisitos. Estas compañías pueden incluso llegar a decir que este método es una carga que en realidad terminaría pesándoles aún más, por lo que es casi imposible satisfacer las necesidades de sus clientes.

Las compañías que dicen tales cosas generalmente no tienen una comprensión clara de cómo funciona Lean Seis Sigma. Por supuesto, lleva tiempo capacitar a sus empleados para que estén listos para usarlo, pero esta metodología está ahí para hacerle más eficiente, ayudarle a brindar un mejor servicio al cliente y mucho más. Echemos un vistazo a algunas de las cosas que debe hacer al prepararse para Lean Seis Sigma; es decir, conocer más acerca de sus clientes para que pueda atenderlos mejor.

Conociendo a sus clientes

Lo primero que deberá hacer al prepararse para Lean Seis Sigma es saber quiénes son realmente sus clientes. Descubrirá que conocer a su cliente marcará la diferencia cuando sea el momento de prepararse para su proyecto Lean Seis Sigma. Si pasa todo el tiempo tratando de hacer cambios en un producto o en un proceso sin tener en cuenta si les gustarán los cambios a sus clientes o cómo les afectarán, entonces perderá mucho tiempo y dinero

Existen tres factores críticos que debe considerar para determinar sus clientes reales y cómo puede ayudarlos mejor. Estos tres factores se enumeran a continuación:

1. *El cliente principal*: muchas empresas caen en la trampa de pensar que su distribuidor es su cliente principal. Pero esto no es cierto. El consumidor final tiene necesidades y requisitos que debe atender. Si no lo hace, lo lamentará, porque las demandas de sus servicios y productos disminuirán.
    - ➢ Por supuesto, todavía puede considerar al distribuidor como un tipo de cliente. Su distribuidor es muy importante para el proceso porque es el que impulsa el producto por usted. Sin embargo, lo que hay que recordar es que, si el cliente final está contento, el distribuidor también se beneficiará.
2. *La congruencia de los puntos débiles de los diferentes clientes*: Sus clientes pueden tener necesidades similares, pero también habrá necesidades que no coincidan. Es su trabajo comprender dónde se encuentran estas diferencias y similitudes en los puntos débiles.
    - ➢ Por ejemplo, un distribuidor puede estar más interesado en transacciones eficientes, mientras que el usuario final necesitará más orientación y formación. Estos dos puntos débiles son distintos y es posible que la empresa deba abordar ambos o solo uno. La compañía podría medir el

impacto de cada uno de estos puntos débiles en su flujo de ingresos y determinar cuál es el más importante.
3. *El valor del cliente*: es cierto que un usuario final no puede ser igual a un distribuidor o un intermediario. Por otro lado, su distribuidor solo estará contento si el usuario final está contento. Un usuario final que no esté satisfecho con los servicios y productos de la empresa podría costarle tiempo y dinero al distribuidor.
➢ Si esto llega a extremos, un distribuidor que venda varias marcas diferentes puede verse obligado a recomendar marcas rivales antes que las suyas. Esta es una gran pérdida financiera para usted como compañía, especialmente a largo plazo. Debe preguntarse qué clientes tienen mayor valor para usted.

Agrupando los clientes

Una buena manera de ver a sus clientes y sus diferentes requisitos es segmentarlos en grupos. Esto es útil para desarrollar productos y servicios que satisfagan los distintos requisitos de cada grupo. También puede permitir a la compañía desarrollar medidas que puedan abordar los problemas de rendimiento relacionados con cada grupo.

Es importante que se tome el tiempo para agrupar a sus clientes. A menudo hay tantos clientes que se vuelve casi imposible considerarlos a todos e intentar averiguar qué querrán si los mira como un todo. Sin embargo, cuando se toma el tiempo necesario para agrupar a sus clientes, es más probable que encuentre patrones útiles. Además, esta es una excelente manera de que tenga una idea más clara de sus clientes y de lo que ellos quieren y necesitan de sus productos, servicios y negocios.

Puede agrupar a sus clientes de la manera que elija, pero algunas de las opciones que puede considerar incluyen:

- Edad

- Tamaño
- Uso final
- Sensibilidad al precio
- Gasto
- Factores socioeconómicos
- Impacto
- Características de compra
- Industria
- Frecuencia de compra
- Lealtad
- Localización geográfica
- Género

Entendiendo el proceso del cliente

Lo primero que debe hacer para desarrollar un enfoque organizado para comprender el proceso de su cliente es crear una estrategia de cliente. La mayoría de las empresas pueden creer que su estrategia de cliente es bastante sólida; es decir, asignando un gran presupuesto para el departamento de ventas. Sin embargo, este es un ejemplo de una estrategia de cliente débil que realmente no lo ayudará a comprender cómo funciona el proceso del cliente. Entonces, ¿cuál será el mejor enfoque para ayudarlo a comprender el proceso del cliente?

Hay tres maneras diferentes en que los líderes de equipo y los gerentes pueden resumir y documentar la estrategia de cliente para un negocio. Algunas de estas son las siguientes:

Desarrollando una arquitectura de negocio

Este paso tiene como objetivo garantizar que todos los integrantes de la empresa puedan visualizar y comprender los diferentes departamentos y cómo están vinculados. El problema con la mayoría de las empresas tradicionales es que los trabajadores no tienen idea de cómo las actividades que realizan cada día afectan a los otros departamentos. Dependiendo del departamento en el que se encuentren, es posible que ni siquiera entiendan cómo afecta su trabajo al cliente. Para una compañía Lean Seis Sigma, una comprensión de la arquitectura empresarial ayudará a resolver este problema.

Para entender la arquitectura empresarial, las personas necesitan poder verla gráficamente. Tendrá que representarlo en un diagrama que pueda mostrar fácilmente cómo sus clientes están vinculados a los diferentes procesos de negocio. Recuerde que estos procesos no serán igual entre los departamentos dentro de la empresa.

Para hacer las cosas un poco más fáciles, hay cinco factores clave que pueden ayudarlo a determinar si una compañía ha desarrollado una arquitectura de negocio funcional. Estos incluyen los siguientes:

- La arquitectura es lo suficientemente simple como para que quepa en un diagrama de una página.
- Cada departamento dentro de la empresa está representado en el diagrama.
- La arquitectura puede vincular los departamentos en relación con los procesos que más les importan a sus clientes.
- Cada persona de la empresa podrá trazar una línea visual del trabajo que realiza cada día para el cliente.
- La arquitectura se centra más en cómo la compañía planea satisfacer las necesidades de los clientes para que pueda lograr sus objetivos en lugar de cómo se está ejecutando el negocio actualmente.

El desarrollo de este tipo de arquitectura de negocio facilitará el flujo de otros procesos de trabajo. Una vez que la tiene lista, la investigación del cliente será dirigida más fácilmente hacia la dirección correcta. Por ejemplo, los productos pueden evaluarse para ayudar a determinar qué tan eficazmente pueden proporcionar valor al cliente, o los fondos pueden canalizarse hacia los procesos que más lo necesitan. Las medidas que resuelven problemas también pueden ser refinadas para adaptarse a esta arquitectura.

Desarrollar un plan Hoshin

Hoshin es una palabra que puede traducirse como brújula. Este es un proceso de planificación estratégica que involucrará a la compañía para establecer su dirección y luego alinear los recursos disponibles para ayudar a cumplir los objetivos a largo plazo. La planificación Hoshin implica ejecutar y formular estrategias para ayudarle a satisfacer las necesidades de su empresa y, al mismo tiempo, alcanzar los objetivos de los accionistas. Se documentará el enfoque y el plan de implementación de 12 meses de su organización. Un plan Hoshin debe incluir los siguientes elementos:

Implementar objetivos

- Establezca métricas clave a nivel ejecutivo.
- Decida las métricas operativas, financieras y de clientes para ayudar a respaldar sus métricas estratégicas.
- Limite las métricas clave para poder concentrarse en las más críticas.
- Acuerde cómo se toman estas medidas y cómo se anunciarán.
- Revise el rendimiento cada semana.

Seleccionando los proyectos clave

- Asegúrese de que todos los proyectos clave puedan vincularse de nuevo a su plan Hoshin.
- Asegúrese de que ningún proyecto deja de ser elegido para evitar costes. Cada proyecto debe mostrar evidencia de mejoras en la productividad, satisfacción del cliente y ahorro de ingresos.
- Revise el proyecto a nivel ejecutivo. Esto se puede hacer cada mes para ayudar a determinar qué progreso se ha hecho hacia los objetivos.

- Concéntrese en el progreso medible durante las revisiones y asegúrese de que los recursos financieros correctos estén disponibles con anticipación.
- Celebre el éxito de un proyecto completado y pase al siguiente.

Desarrollando un diagrama de información, proceso e infraestructura

La función del diagrama IPI es elevar la arquitectura de negocio y las estrategias de planificación Hoshin mediante una imagen precisa del presente y del entorno empresarial futuro. Este diagrama se crea a través de un proceso que se esfuerza por ser iterativo y dinámico. La práctica común es utilizar las herramientas DMAIC para ayudarlo a obtener la documentación e información correctas. Luego, creará los dibujos y, finalmente, los verificará para asegurarse de que estén representando correctamente el entorno presente y futuro de la empresa.

Uno de los elementos fundamentales que encontrará en un diagrama IPI es el SIPOC (Supplier, Input, Process, Output, Client) o el diagrama Proveedor, Entrada, Proceso, Salida y Cliente. Este diagrama debe representar lo que hace una organización para satisfacer las necesidades de un cliente.

Otro bloque de construcción de este diagrama es el mapa de flujo de valor. Este le ayudará a saber qué pasos agregarán valor y cuáles no mientras observa desde la perspectiva de su cliente.

Un proceso de estrategia del cliente que esté bien definido debe estar respaldado por el diagrama IPI, el plan Hoshin y la arquitectura de negocio. Una empresa centrada en el cliente siempre debe esforzarse por mejorar la experiencia del cliente al mismo tiempo que le sea posible generar más beneficios y acelerar el crecimiento.

Todas estas partes son necesarias para ayudar a la empresa a utilizar el método Lean Seis Sigma de la manera correcta. Sin comprender a su cliente adecuadamente, todas las estrategias en las que trabaje se quedarán cortas. Eche un vistazo a la información que tiene sobre su cliente, así como a algunas de las secciones mencionadas en este capítulo, para que pueda prepararse para trabajar con Lean Seis Sigma.

Capítulo 7: Entendiendo las necesidades del cliente

Las necesidades de su cliente siempre están cambiando. Algunos de los servicios o productos que la gente pensaba que eran útiles hace unos años ya no están en el mercado. En algunos casos, es posible que el cliente ni siquiera se dé cuenta de que sus necesidades han cambiado, y se sorprenderán, de buena manera, cuando su negocio lance nuevos productos y más avanzados para usar. Echemos un vistazo a algunas de las técnicas de medición que puede utilizar para obtener una comprensión más profunda de su cliente.

El modelo de Kano

El modelo de Kano puede ayudar a una empresa a analizar las necesidades del cliente y cómo puede identificar estos requisitos. De acuerdo con este modelo, la satisfacción del cliente será proporcional al nivel de funcionalidad que tenga el servicio o producto. El modelo de Kano se centrará en satisfacer tres tipos de necesidades:

- *Necesidades básicas*: debe poder satisfacer necesidades básicas solo para ingresar en el mercado. Estas necesidades básicas son las características esperadas que tiene un servicio o producto. No se suele hablar de ellas porque son bastante obvias. Si no se satisfacen estas necesidades básicas, el

cliente estará extremadamente insatisfecho. Por ejemplo, una mesa limpia y cubiertos limpios se consideran necesidades básicas en un restaurante. El cliente los esperará sin preguntar.
- *Necesidades deseadas*: la satisfacción de estas necesidades le permite a la empresa mantenerse en el mercado. Las necesidades deseadas serán las características estándar que reducirán o elevarán la satisfacción del cliente, según su escala, como la rapidez o el precio. Estas necesidades son típicamente solicitadas por el cliente. Volviendo al ejemplo del restaurante, esto podría incluir que el cliente solicite una sección para no fumadores o acceso a una red Wi-Fi.
- *Necesidades motivantes*: cuando satisface estas necesidades, puede pasar a ser una empresa de clase mundial. Los productos o servicios deben incluir algunas características que, si bien son inesperadas, impresionarán a los clientes. Estas no suelen ser solicitadas. Por ejemplo, un hotel podría proporcionar galletas recién horneadas durante el servicio de habitaciones nocturno.

Identificación de los requisitos de sus clientes

Las necesidades básicas de los clientes se pueden identificar de varias maneras. Las mejores técnicas que puede utilizar para ayudarle con esto incluyen las siguientes:

- Los informes de pérdidas y ganancias
- Medidas internas del proceso de calidad
- Análisis de desgaste
- Sistemas de quejas

También se puede tomar el tiempo para identificar las necesidades deseadas. Puede identificarlas usando las siguientes técnicas:

- Grupos de sondeo
- Encuestas sobre la satisfacción del cliente

- Encuestas perceptivas
- Informes transaccionales

Además, deberá tener en cuenta algunas de las necesidades motivantes. Para determinar cuáles son, utilice las siguientes técnicas:

- Foros de vanguardia
- Grupos de sondeo *inventa-el-futuro*
- Programas de fidelización de clientes.

El modelo Kano está destinado a ayudar a una empresa a reconocer las necesidades de las que el cliente no habla para que estas necesidades puedan convertirse en una prioridad. Para aprovechar al máximo este modelo, debe incorporarse en el plan de proyecto multigeneracional para el negocio. Por supuesto, primero debe satisfacer las necesidades básicas, o sus clientes se sentirán muy decepcionados, pero la empresa debe comprender que las expectativas van a variar con el tiempo. Por ejemplo, el acceso Wi-Fi solía ser un servicio adicional, pero para muchos clientes, se ha convertido en un servicio esperado.

Voz del cliente

La Voz del Cliente (VOC) se refiere a las preferencias, expectativas y comentarios del cliente con respecto a su servicio o producto. Es un proceso que una empresa puede utilizar para recopilar comentarios de los clientes con el objetivo final de proporcionarles servicios y productos de mejor calidad. Existen dos métodos principales que puede utilizar para clasificar a sus clientes:

- *Clientes internos*: estos son los clientes que ya están en la organización. Estos pueden incluir departamentos, empleados y administración que se encuentran dentro de la empresa.
- *Clientes externos*: son los clientes que existen fuera de la empresa. Son los usuarios finales de los servicios y

productos, y tienen un interés depositado en la empresa. Estos pueden incluir algunas personas como los accionistas, clientes y usuarios finales.

La organización debe ser proactiva e innovadora todo el tiempo para mantenerse al día con los requisitos y necesidades cambiantes de sus clientes. La voz del cliente puede ser expresada o no expresada. La metodología de VOC se utilizará para capturar las necesidades del cliente con comentarios literales. A través de VOC, la compañía podrá traducir los comentarios que el cliente dé a necesidades del cliente. Luego, pueden tomar esa información y usarla para crear nuevos productos y servicios que sus clientes necesitarán.

Las categorías de VOC

Para simplificar las cosas, podemos separar VOC en cuatro clases generales. Estas cuatro clases serán referidas a menudo como AICP. Las cuatro clases incluyen lo siguiente:

- *Voz del Asociado*: Esta es la crítica obtenida por los empleados.
- *Voz del Inversionista*: estos son los comentarios de los accionistas y las personas en la administración.
- *Voz del Cliente*: este es el *feedback* de los clientes y los usuarios finales.
- *Voz del Proceso*: se trata de comentarios recibidos después de medir el CTQ *(*Crítico para la calidad*)* y CTP (Crítico para el proceso).

Métodos de VOC

Hay una variedad de formas en que puede obtener los comentarios que necesita de sus clientes. Algunas de las mejores técnicas son las siguientes:

- *Entrevistas directas*: son reuniones individuales con clientes potenciales o existentes. El entrevistador tendrá preguntas y las respuestas proporcionadas por el cliente se utilizarán para

ayudar a la empresa a comprender qué necesitan agregar o mejorar.
- *Observaciones*: esto implica observar el comportamiento o la respuesta del cliente a los productos y servicios.
- *Grupos focales*: implica colocar a un grupo de individuos en una habitación. Luego se les pide que discutan temas específicos relacionados con los productos o servicios de la empresa.
- *Encuestas*: son cuestionarios que se envían a los clientes. Son comunes porque son muy rentables, pero los que lo hacen a menudo no obtienen una gran tasa de respuesta de los clientes.
- *Sugerencias*: las opiniones de los clientes se recopilan y luego se analizan para ver si se pueden utilizar para mejorar productos o servicios.

Con el tiempo, es posible que los métodos de VOC no sean siempre los mejores. Claro, pueden darle un buen comienzo para comprender lo que quieren sus clientes, pero a menudo, el cliente no podrá explicar sus necesidades de una manera que pueda ayudar a una empresa a mejorar o crear buenos productos y servicios que el cliente realmente quiera. Algunas de las razones para esto son las siguientes:

- El cliente puede no estar al tanto de lo que hace la empresa.
- Los clientes están acostumbrados a mostrar creatividad solo cuando se trata de sus propios trabajos, no al analizar los servicios o productos que utilizan.
- Los clientes pueden reaccionar a una idea específica que escuchan, pero tienen grandes dificultades para desarrollar sus propias ideas.
- Los clientes a veces pueden mentir sobre cuánto les gusta un nuevo producto. Tal vez no quieran discutir u ofender.

Dado que preguntar al cliente no es siempre la mejor manera de ayudarle a mejorar su proceso o servicio, necesita encontrar otra forma de obtener la respuesta que desea de sus clientes. ¡Y sí! La mejor manera de hacerlo es en este momento a través de la etnografía del cliente.

Etnografía del cliente

La etnografía del cliente implica hacer observaciones cercanas sobre sus clientes e incorporar sus comportamientos en el diseño de su servicio o producto. La etnografía también se conoce como el estudio sistemático de un grupo de personas en su entorno natural.

Para que esto funcione, una empresa necesita poder encontrar una manera de integrarse en la vida de sus clientes. Esto les ayuda a comprender mejor las necesidades del cliente y la forma en que sus clientes utilizan los productos y servicios de la empresa en la vida real.

La etnografía está destinada a ayudar a generar una comprensión más intuitiva de lo que necesita el cliente para que pueda encontrar soluciones creativas. Para hacer esto, la compañía puede comenzar seleccionando diez de sus clientes potenciales o existentes. La etnografía se ocupa más de la calidad que de la cantidad, por lo que este número debería ser suficiente. La compañía luego contrataría un equipo de personal capacitado para ayudar a observar a estos clientes. Los objetivos aquí deben ser los siguientes:

- Establecer una perspectiva completa y holística sobre las necesidades de sus clientes. Se anotará cada comportamiento o actividad que de alguna manera esté asociada con una necesidad, servicio o producto específico.
- Reconocer y anotar las cosas que el cliente hace, especialmente las acciones realizadas de manera subconsciente.
- Identificar las frustraciones que tiene el cliente y si estas frustraciones están vinculadas al producto o no.

Como puede ver, la etnografía tiene el potencial de ayudar a una organización a desarrollar una visión realmente profunda del comportamiento y las necesidades de sus clientes. Y si se hace correctamente, lo ayudará a realizar grandes innovaciones en los productos y servicios que proporciona.

Sin embargo, la etnografía consume mucho tiempo y requiere mucho trabajo. Una empresa también debe mostrar cierta cautela porque esencialmente dependen de una pequeña muestra de sus clientes cuando intentan diseñar o mejorar sus productos. Al final, cuando haya terminado de realizar su estudio etnográfico, debe hacer un seguimiento con algunos métodos tradicionales de VOC para ayudar a verificar sus descubrimientos.

Comprender cómo se comporta su cliente, cuáles son sus necesidades básicas y qué otras cosas están buscando, puede ayudarlo a marcar una gran diferencia en los tipos de productos que diseñará para ellos. Esto puede contribuir a conectar mucho mejor con sus clientes y garantizará que sus ganancias aumenten.

Capítulo 8: Cómo obtener apoyo de la alta dirección

Para que Lean Seis Sigma funcione, es necesario que todos los miembros de la empresa se impliquen. Esto significa que, antes de comenzar con este programa, es fundamental que todos los miembros de la alta gerencia también estén comprometidos. Sin embargo, dicho esto, habrá momentos en que los esfuerzos de mejora serán impulsados por gerentes de nivel medio o inferior en lugar de los de arriba.

En algunos casos, puede terminar con una alta gerencia que no esté interesada en implementar Lean Seis Sigma. Es posible que no quieran invertir el dinero y el tiempo para realizar este proceso cuando ya están lidiando con muchas otras presiones financieras. Esto puede hacer muy difícil que las medidas de mejora de procesos se extiendan por toda la organización como deberían.

La buena noticia es que dos enfoques diferentes pueden ayudar a convertir la resistencia de la alta gerencia en apoyo. Estos enfoques son el enfoque sigiloso y el enfoque de compromiso inicial limitado.

Echemos un vistazo a cada uno de ellos y veamos qué pueden hacer por usted.

Enfoque sigiloso

Con este enfoque, la administración o los departamentos individuales comenzarán a implementar los métodos de Lean Seis Sigma, pero a pequeña escala y de forma desapercibida. El objetivo es realizar los beneficios significativos de los procesos de mejora mientras se mantiene un perfil bajo. Varias variaciones vienen con este enfoque, pero aquí están las técnicas generales que puede seguir para hacer que funcione:

1. *Identificación y articulación clara de la brecha que separa el rendimiento del proceso deseado y el rendimiento real*: esto se puede hacer con un pequeño grupo central de personas que creen que necesitan mejorar el proceso. Se recomienda que uno o más del grupo principal tenga algún conocimiento sobre Lean Seis Sigma.
2. *Articulación de las necesidades de su proyecto*: este mismo grupo va a encontrar diferentes motivos por los cuales las mejoras que pueden venir con el uso de Lean Seis Sigma son beneficiosas para la empresa. Esto podría incluir al cliente y razones financieras. También pueden incluir algunas razones emocionales, como más orgullo en el trabajo, deshacerse de la burocracia y reducir la frustración laboral.
3. *Utilización de los criterios de selección de proyectos para evaluar proyectos potenciales*: estos criterios pueden incluir una variedad de cosas que incluyen un rendimiento rápido, apoyo de estrategia de negocio, mayor probabilidad de éxito, disponibilidad de sus datos y un proceso independiente que no necesitará ayuda de la alta dirección. El equipo también dedicaría algún tiempo a agregar otros criterios que puedan ayudar a demostrar cuán valioso puede ser Lean Seis Sigma para la administración.

4. *Finalización de la organización del proyecto*: el nivel del campeón[1] de su equipo debe seleccionarse para ayudar a resolver cualquier batalla política que se presente. Cada miembro del equipo también necesita recibir formación para ayudar a implementar el proceso.
5. *Abordar el problema con la ayuda de DMAIC*: para esta parte, debe centrarse en lograr unos pocos resultados rápidos en lugar de apegarse demasiado a la metodología. Esto implica que debería seleccionar algunos principios simples de Lean Seis Sigma y trabajar solo en ellos. De momento, solo quiere demostrarle a la alta gerencia los beneficios de Lean Seis Sigma y luego seguir desde ahí.
6. *Presente los resultados*: En este punto, mostrará los resultados a la alta dirección. Después de eso, su equipo solicitará implementar Lean Seis Sigma en toda la organización.

Enfoque de compromiso inicial limitado

El segundo enfoque en el que puede trabajar es el enfoque de compromiso inicial limitado. El objetivo de este enfoque es ayudar a solucionar algunos problemas en la empresa que son de interés para la alta dirección. También quiere poder demostrar la mejora rápidamente. Si se hace esto, será mucho más fácil para la alta dirección comprometerse y aceptar un amplio despliegue de Lean Seis Sigma. Los pasos a seguir para implementar este enfoque son los siguientes:

1. *Comprometerse con la alta dirección*: querrá encontrar entre dos y cuatro problemas que deben solucionarse. Este equipo tendrá tres miembros principales, y al menos uno de ellos debe tener algún conocimiento de Lean Seis Sigma.

---

[1] Gerente o administrador que lidera proyectos Seis Sigma, conocidos como 'Campeones o Champions'.

2. *Desarrolle en colaboración los criterios para el proyecto a seleccionar*: seleccione tres proyectos que cumplan con los criterios que ha establecido. Algunos de los criterios que puede considerar son los datos disponibles, el alto potencial de éxito, el retorno rápido de inversión, el apoyo y, al menos, un problema de la alta gerencia y la estrategia comercial.
3. *Finalice la organización del proyecto*: en este paso, debe haber algunos empleados de primera línea, así como gerentes de nivel medio que estén involucrados, y deben tener la formación adecuada.
4. *Identifique a las partes interesadas críticas*: su objetivo es encontrar maneras de hacer que se comprometan con el éxito de su equipo. Esto involucrará a su grupo original y tal vez a unas 15 personas. Luego los dividirá en algunos sub-equipos para ayudar.
5. *Utilice DMAIC para ayudar a abordar su problema*: al igual que con la otra opción, se debe centrar en los resultados y en obtenerlos rápidamente, más que en adherirse estrictamente a la metodología. Su objetivo es demostrar que Lean Seis Sigma puede dar resultados rápidamente a la empresa.
6. *Lleve a cabo controles regulares para asegurarse del progreso y cualquier ganancia financiera*: si se han realizado algunos progresos, se deben celebrar e incluso se deberían dar bonificaciones de algún tipo. Este será un paso que involucra a la alta dirección, así como al equipo de mejora. Las comprobaciones de estado deben realizarse a intervalos regulares a lo largo de su proyecto.
7. *Presentar sus resultados finales*: muestre los resultados a la alta gerencia y utilícelos para convencerlos de implementar esta metodología en toda la compañía.

Cómo eliminar cualquier resistencia a Lean Seis Sigma

Si tiene algunas personas en la alta gerencia que no están interesadas en implementar Lean Seis Sigma, hay algunos pasos que puede usar para suprimir esta reticencia. Algunos de los puntos que debe tratar de seguir son los siguientes:

- *Asegúrese de que los resultados sean rápidos*: los beneficios de su proyecto deben ser vistos rápidamente y deben superar los costes en los que incurra. Como máximo, debe tener un período de tiempo que no supere las cinco semanas y su objetivo debe ser un 30% o más de retorno. Desea realmente convertir a los jefes de la administración y mostrar lo que Lean Seis Sigma puede hacer.
- *Utilice buenos criterios de selección de proyectos*: esto garantiza que su equipo pueda elegir los mejores proyectos y demostrar el mayor valor posible a la alta dirección.
- *Defina bien el alcance del proyecto*: el alcance debe ser lo suficientemente estrecho como para que se pueda completar de manera rápida y lo suficientemente amplio como para que pueda aportar algunos beneficios reales. Los miembros del equipo deben poder mantener sus ojos fijos en los objetivos del proyecto original para que esto suceda.
- *Establezca sus propios objetivos*: un equipo que puede establecer sus propios objetivos es uno que encontrará mucho más fácil mantenerse comprometido y motivado para completar los proyectos, a pesar de las otras presiones que puedan tener.

- *Obtenga expertos en Lean Seis Sigma*: el equipo debe encontrar personas, ya sea externa o internamente, que sepan cómo implementar Lean Seis Sigma y sus principios. Esto hará que sea más probable que el proceso se use correctamente y que se implemente en toda la compañía.
- *Supervisar el progreso*: debe crear un plan que tenga algunos hitos clave, resultados claros y asignaciones de responsabilidad. Esto hará que sea más probable que obtenga resultados rápidos y de alta calidad. Debe poder mostrar a la alta gerencia, de los cuales pueden no estar todos involucrados, que puede obtener excelentes resultados cuando se usa Lean Seis Sigma.
- *Elija procesos intensivos en personal en lugar de intensivos en máquinas*: los proyectos de mejora que involucran a las personas tienden a dar mejores resultados porque los humanos tienen una mayor variabilidad en comparación con las máquinas. Esto significa que obtendrá algunas mejoras excelentes que no podrá conseguir cuando trabaje con máquinas.
- *Cree un buen ambiente de equipo*: la forma en que los miembros de su equipo interactúan entre sí marcará una gran diferencia en el éxito del proyecto. Los líderes del proyecto deben poder reunir a sus equipos de manera regular para ayudar a mejorar las relaciones de trabajo.

Para que Lean Seis Sigma realmente funcione para su negocio, debe asegurarse de que todos estén comprometidos. No es suficiente que solo unas pocas personas, o unos pocos departamentos, entiendan el valor de este método si el resto no se preocupa en absoluto. El uso de algunas de las estrategias en este capítulo le ayudará a que el resto de la compañía y toda su administración vean Lean Seis Sigma con más entusiasmo.

Capítulo 9: Planificación de la implementación

Implementar el proceso de Lean Seis Sigma es una decisión que su empresa debe tomar con seriedad. Antes de tomar estos pasos críticos, se deben formular y responder preguntas difíciles. Un buen paso para comenzar es sentarse y crear un plan que aborde los diversos problemas clave que afectan los procesos de su negocio. Los líderes y los ejecutivos que ayudan con este proyecto también necesitarán enumerar algunos de los desafíos potenciales que la empresa pueda enfrentar.

Tomando la decisión de implementar

El nivel de éxito que logre con las iniciativas de Lean Seis Sigma dependerá de si cumple o no ciertas condiciones. Antes de tomar este tipo de decisión, habrá algunas preguntas que debe hacerse:

1. *¿Existen razones convincentes para implementar Lean Seis Sigma?* Cada iniciativa tendrá algunos obstáculos cuando la implemente por primera vez. Tener una razón simple y motivadora para implementar este proceso le ayudará a superar estos obstáculos. Algunas de las razones convincentes podrían ser que la satisfacción del cliente sea

baja o que haya nuevos competidores que comienzan a dominar el mercado.

2. *¿Cuáles son sus objetivos explícitos de la iniciativa?* Tener una situación de necesidad es una de las mejores maneras de desarrollar el impulso necesario para implementar Lean Seis Sigma. Sin embargo, tiene que haber un impulso. Este provendrá de sus objetivos, que son específicos y le mostrarán cómo se verá la compañía en el futuro. Estos objetivos deben resaltar el caso de negocio de Lean Seis Sigma, y pueden incluir lo siguiente:
   a. Cambios fundamentales en la cultura y gestión empresarial.
   b. Conversión efectiva de la estrategia en resultados.
   c. Ingresos crecientes.
   d. Reducción de costos mientras mejora la satisfacción de sus clientes.
   e. Resolver problemas presentes en la organización.

3. *¿Los que están en la alta gerencia apoyan esta iniciativa?* El liderazgo no va a tener un sustituto. Debe haber participación para ayudar a dirigir el proceso, responsabilizar a los gerentes y derribar las barreras que puedan surgir.

4. *¿Podrá Lean Seis Sigma resolver alguno de los problemas que preocupan a la organización?* La mayoría de las organizaciones creen que este proceso podrá resolver todos sus problemas. Si bien este proceso es excelente, no es la respuesta a todo. Por ejemplo, si la empresa tiene un liderazgo deficiente, una estrategia empresarial deficiente y una reestructuración financiera, Lean Seis Sigma no ofrecerá las soluciones adecuadas. Debe analizar su negocio y determinar si esta es la mejor opción para usted o no.

Elegir un buen modelo de implementación

Este modelo de implementación se refiere al enfoque, alcance, escala y estructura de su implementación. Habrá muchos modelos que pueda usar, pero querrá asegurarse de que el modelo que elija sea el adecuado para su organización. Hay cuatro modelos que puede utilizar para la implementación:

Modelo de organización completa

Se considera como el modelo tradicional que usa la mayoría de las organizaciones. Se requerirá una administración sólida que los líderes principales deben conducir. Todos los sectores de esta organización están involucrados, y los resultados se notan rápidamente. Este método le permitirá mejorar más de una función a la vez, ya que todas están involucradas. Los obstáculos que vienen con la implementación serán eliminados con la ayuda de la alta dirección.

El mayor problema con este modelo es que debe tener un buen liderazgo para que funcione. Esto puede ser un gran problema para algunas empresas. También debe haber un equipo de implementación comprometido. Este modelo utilizará muchos recursos y, en algunos casos, otras iniciativas en la empresa que podrían sufrirlo. También puede ser difícil de ejecutar de forma correcta. Sin embargo, si se hace bien, puede tener un gran impacto en el negocio. Este modelo es considerado como el más sostenible.

Modelo de unidad de negocio

Con este modelo, desplegará Lean Seis Sigma en solo una de las unidades o departamentos de su negocio. Va a ser menos complejo en comparación con el modelo anterior porque solo necesitará una pequeña parte de su empresa para respaldar las diversas funciones, como el seguimiento de proyectos y la formación. Debido a que es más pequeño en tamaño y naturaleza, a veces es más fácil conseguir que la administración adopte estas ideas. Todavía necesitará un líder de departamento fuerte, pero no necesitará apoyo ejecutivo al principio, lo que lo hace adecuado para compañías cuya gente pueda ser escéptica sobre el uso de Lean Seis Sigma.

La desventaja de usar el modelo de unidad de negocio es que no va a tener un gran impacto en la cultura de la empresa. También será difícil para el equipo de implementación trabajar en todos los departamentos para ayudar a mejorarlos. Este modelo tendrá que probarse a sí mismo antes de poder transferirlo a toda la compañía, y esto puede llevar años.

Modelo dirigido

Con el modelo dirigido, el método Lean Seis Sigma se implementará para atacar un problema específico que existe dentro de un departamento o en toda la organización. La implementación será rápida y efectiva. Debido a la escala limitada de esta iniciativa, no necesita una tonelada de infraestructura y no necesita realizar muchos cambios. Los problemas pueden ser el punto focal y la motivación para actuar. Este modelo es a veces una buena manera de mostrar la eficacia de Lean Seis Sigma rápidamente.

Por otro lado, este modelo está estrechamente enfocado y no podrá transformar el negocio. Además, dado que no existe una gran infraestructura para ayudar a respaldar el modelo, puede ser difícil expandir esta iniciativa a otras partes de la organización si así lo decide.

Modelo de base

Este método involucra a algunos individuos en los rangos más bajos de la compañía que implementa Lean Seis Sigma para resolver un problema. No va a haber mucha infraestructura para soportar este debido a su escala, por lo que es bastante fácil de implementar. Si la iniciativa localizada tiene éxito, es posible que otros departamentos también se interesen en este método.

El problema que viene con este modelo es que rara vez se convierte en una implementación más amplia. Parece más un modelo tipo guerrilla donde el nivel superior de administración no va a estar involucrado y, por lo tanto, la mayoría de los recursos que se necesitan no estarán allí. Dado que no hay mucho apoyo, es difícil expandir el alcance más adelante. Con este modelo, los resultados que obtenga serán muy pequeños para toda la empresa y es menos probable que capten mucha atención de la alta dirección.

Obtener el talento adecuado

La cultura de su empresa a veces puede cambiar tomando a algunos empleados de alto potencial, dedicando algo de tiempo a formarlos como cinturones negros[2] y luego devolviéndolos a la fuerza laboral en una posición de liderazgo. Estos empleados pueden trabajar en la aplicación de los principios de Lean Seis Sigma cada día.

El desafío para la mayoría de las empresas es identificar quiénes son los empleados con mayor potencial, descubrir cómo ubicarlos en los puestos de liderazgo adecuados y luego gestionar las expectativas y percepciones de los demás en la empresa. También existe un poco de temor de que las empresas de la competencia cacen a los empleados que son reconocidos como los de mejor rendimiento. Además, los gerentes pueden tener diferentes opiniones sobre quién es el que rinde mejor. Trabajar con el departamento de recursos humanos y elaborar buenas políticas puede marcar la diferencia cuando se trata de hacer que esto funcione.

Mantener el enfoque

Muchas iniciativas van a tener problemas para centrarse en los temas que más importan. Piense en un equipo que complete estos procesos de mejora solo para saber que nadie se preocupó por el problema en primer lugar. La irrelevancia es la mayor amenaza para una iniciativa Lean Seis Sigma.

El despliegue del plan siempre debe poner su énfasis en los temas que son relevantes. La gerencia nunca debe centrar su atención en ningún proyecto que sea irrelevante, mediocre o pequeño simplemente para asegurarse de que sus cinturones negros estén

---

[2] Nivel de certificación dentro de Seis Sigma.

ocupados. Y para asegurarse de que Lean Seis Sigma siga siendo relevante, se deben seleccionar los proyectos adecuados. Para determinar qué proyectos son los más relevantes, se deben tener en cuenta los objetivos de negocio más importantes.

¿Vale la pena?

Su organización obtendrá buenos resultados cuando implemente Lean Seis Sigma. Habrá algunos riesgos, pero no son técnicos. La metodología, las herramientas y la capacitación no son lo suficientemente complejas como para justificar postergar la iniciativa. Lo que finalmente marca la diferencia entre un despliegue impactante y una iniciativa de administración fallida es la capacidad de resolver los problemas de la gestión del cambio, el compromiso del liderazgo, la gestión del talento y la responsabilidad por los resultados.

Errores de implementación que su empresa debe evitar

En este punto, debe saber que la implementación de Lean Seis Sigma producirá muchos beneficios para su negocio. Sin embargo, es posible que la implementación Lean termine fallando cuando comience, lo que puede resultar en una pérdida de tiempo y recursos. Esto es a menudo porque los errores de implementación no se manejaron de la forma en que deberían. Es importante que reconozca estos errores y aprenda a evitarlos a toda costa. Veamos algunos de los errores de implementación más comunes de Lean Seis Sigma que debe evitar y cómo resolverlos.

Apoyo de liderazgo débil

La forma principal de obtener cierto éxito con Lean Seis Sigma es lograr un compromiso sólido en el liderazgo. La alta gerencia debe respaldar el proyecto que desea implementar en toda la empresa, y se deben tomar medidas para apoyar sus palabras.

La solución es mantener el liderazgo superior involucrado en todos los pasos del proceso. La alta gerencia necesita tomarse su tiempo para comunicarse de manera correcta con el personal, enfatizando lo importante que es centrarse en el proyecto Lean Seis Sigma como la forma de lograr los objetivos de la organización. El liderazgo también debe dedicar algo de tiempo para revisar el progreso de la implementación para asegurarse de que las cosas estén bien encaminadas durante todas las reuniones de administración.

Alcance demasiado amplio

Cada vez que su proyecto Lean Seis Sigma termina fallando, generalmente se debe a un error de alcance. Si su alcance es demasiado amplio cuando comienza, esto podría llevarlo a no tener el enfoque suficiente para garantizar la mejora de un producto, servicio o proceso. Hay momentos en que su alcance aumentará justo a la mitad del proyecto. Para evitar este problema, el equipo debe concentrarse en mantener un alcance limitado para que no termine tomando más de lo que puede abarcar.

Estrategia de implementación deficiente

El objetivo de tener una buena estrategia de implementación es asegurar que los objetivos de su empresa se mantengan alineados con algunos de los resultados de implementación que tiene. Si no hay alineación, las partes interesadas no podrán ver cuál es la meta de todo el proceso. La mejor solución para este tipo de problema es asegurarse de que sus objetivos comerciales y los resultados de su implementación estén alineados.

La estrategia de implementación siempre debe tener en cuenta la ejecución del proyecto, la capacitación de los empleados, la planificación contable, la gestión de la información y el logro de la excelencia operativa. También debe haber revisiones periódicas del progreso que está logrando con cada estrategia y cómo está impactando en los resultados del negocio.

Cuando puede monitorizar estos elementos, el equipo puede realizar cualquiera de los ajustes necesarios. Cuando hay cambios positivos que las personas pueden ver, la organización comenzará a ganar más confianza con el esfuerzo.

Demasiado énfasis en formación y certificación

Para algunas empresas, es fácil caer en la idea de que cada persona que tenga algún tipo de participación en el proyecto Lean Seis Sigma necesita conocer todos los detalles sobre las herramientas y las técnicas que se utilizarán. Por supuesto, hay muchos cursos diferentes de certificación y capacitación, e incluso hay capacitadores y consultores que compiten fuertemente para acaparar el mercado.

Debido a todo esto, encontrará que se hace mucho hincapié en la enseñanza de herramientas avanzadas para los empleados y su certificación. La verdad es que no todas las herramientas Lean Seis Sigma deben usarse en todos los proyectos. La solución aquí es poner más énfasis en la conveniencia de aprendizaje y la aplicación del conocimiento. Hay ocasiones en las que necesita personas capacitadas en Lean Seis Sigma, pero no necesita enseñar a toda la empresa. Su empresa necesita mantenerse centrada en la ejecución de sus proyectos en lugar de en cuántos cinturones negros certificados hay.

Selección de proyectos deficiente

Una de las decisiones más importantes que puede tomar cuando se trata del proceso Lean Seis Sigma es seleccionar con qué proyecto desea trabajar. Si su equipo de mejora de proyectos no hace un buen trabajo de selección y prioridad de los proyectos, el desastre estará servido. Cuando se elige el proyecto equivocado, puede provocar que todo el proyecto se deseche o se retrase, posiblemente causando tiranteces entre los cinturones.

La mejor solución para esto es asegurarse de que los objetivos y los datos son los elementos clave en los que usted y su equipo se centran cuando selecciona sus proyectos. Es necesario que se organicen reuniones para ayudar a revisar los datos, los clientes, así como el proceso y los objetivos de negocio. El equipo también debe tomarse el tiempo para asegurarse de que cada proyecto que seleccione la compañía tenga un patrocinador que esté a cargo de hacer un seguimiento de ese proyecto y de dar la aprobación necesaria.

No elegir a un líder de implementación

Algunas organizaciones han intentado implementar un nuevo proyecto Lean Seis Sigma sin tomarse el tiempo para designar un líder de implementación. Sin este líder, los equipos participarán en las actividades de mejora adecuadas en sus propias áreas, pero no habrá unidad ni sinergia de propósitos. Esto llevará al fracaso y la confusión dentro del proyecto.

La solución a esto es designar un líder de despliegue desde el principio. Las responsabilidades que incumben a este líder son capacitar a todos los miembros del equipo, asignar los proyectos y luego seleccionar las herramientas que deben usarse. El líder de implementación es básicamente el que va a proporcionar orientación para el proyecto y se asegurará de que haya algún progreso.

Implementación aislada

Piense en esto: ¿qué sentido tiene mejorar el diseño de su producto cuando decide dejar el proceso de fabricación como está? La implementación de pequeños proyectos de mejora localizada no es una estrategia inteligente. Puede ser un modo de comenzar con su compañía si tiene recursos limitados, pero encontrará que las mejoras desconectadas y aisladas no le brindarán los beneficios que desea.

Cuando trabaje con Lean Seis Sigma, los mejores resultados de organización se lograrán con la ayuda de adoptar una estrategia de implementación generalizada. Después de todo, una empresa está formada por procesos que están interconectados y trabajan juntos. Si aísla uno de sus procesos de los otros y espera que todo funcione, se sentirá frustrado. Entonces, será mucho más probable que el proyecto falle.

Capítulo 10: Identificación y selección del proyecto

Antes de comenzar a implementar un proyecto Lean Seis Sigma, debe identificar y seleccionar los proyectos correctos. La mayoría de las compañías harán un buen trabajo al seleccionar un montón de proyectos diferentes, pero no cuentan con las técnicas adecuadas para ayudar a identificar el proyecto más relevante y que debe ser atendido primero. En general, habrá cuatro condiciones previas a cumplir para ayudarlo a identificar y seleccionar el proyecto para trabajar con Lean Seis Sigma.

Paso 1: Entender el plan estratégico de la empresa

El equipo de implementación debe estar familiarizado con el plan estratégico de la empresa. La planificación estratégica incluirá algunas de las siguientes acciones:

- Desarrollar una hoja de ruta para lograr su plan estratégico.
- Evaluar el interés que tienen las partes interesadas.
- Formular una declaración de objetivos después de obtener información de las partes interesadas.

- Creación de un modelo de negocio que sea viable. Este paso deberá considerar una variedad de temas, como los financieros y culturales, que resultarán de cualquier reestructuración que se realice en las líneas de negocio actuales. Agregar algunas nuevas líneas de negocio es algo que también debe considerar.
- Auditoría financiera y de rendimiento para determinar las capacidades y el poder fiscal de la empresa.
- Realizar un análisis de brechas para ayudar a generar una lista de brechas. Este proceso se puede realizar comparando el rendimiento real del proceso con lo que se espera lograr.
- Crear y luego implementar un plan de acción que pueda ayudarle a lograr cualquiera de sus estrategias elegidas mientras también cierra las brechas que están presentes.
- Desarrollar un plan B, o un plan de contingencia, que ayudará a lidiar con las posibles fluctuaciones que puedan ocurrir en el mercado. También debe considerar cualquier presión que reciba de los competidores y otras situaciones que pueden surgir y afectar la forma en que se ejecuta su plan estratégico.
- Desarrollar un nuevo plan para toda la empresa. Esto se podría hacer cuando establezca índices de rendimiento medibles, objetivos en cascada y marcos de tiempo claros. Los propietarios del proceso deben ser identificados.

Paso 2: Alinear los esfuerzos de mejora con la estrategia empresarial

Su equipo de selección de proyectos necesita comprender cómo las actividades diseñadas para la mejora de procesos deben alinearse con los planes de acción estratégicos. En el primer paso, el equipo debe considerar el modelado de negocios como un aspecto crítico de la planificación estratégica. El equipo probablemente pasaría tiempo analizando y luego identificando la línea de negocio y dónde caerá en relación con la posición competitiva de la empresa y el crecimiento del mercado. El objetivo es que usted encuentre una estrategia buena y efectiva para una LDN (línea de negocio) específica en función de su tasa de crecimiento del mercado y la competitividad de la LDN.

Por ejemplo, si la LDN de una empresa tiene una posición competitiva sólida en el mercado, esto significa que está creciendo bien. Si esto es cierto, es mejor para la empresa priorizar el desarrollo de sus productos en lugar de mejorar las operaciones. Sin embargo, si la LDN tiene una posición competitiva débil en un mercado que está creciendo lentamente, entonces la compañía debería considerar trabajar con Lean Seis Sigma para ayudar a mejorar su estructura de costos.

Paso 3: Incorporar el plan de acción en el sistema de implementación de políticas

La implementación de la política se refiere a la cascada de los planes basados en objetivos a través de los diferentes niveles y departamentos de la empresa. Los ejemplos de la forma en que se puede implementar esto incluyen la gestión por objetivos y la planificación Hoshin. Para implementar con éxito la implementación de su política debe:

- Usar los planes de acción que se definieron en el plan estratégico para ayudarlo a establecer los objetivos, metas, calendarios y propietarios correctos.
- Trabajar con un objetivo de alto nivel en cascada para ayudar a establecer los objetivos, metas, calendarios y propietarios correctos.
- Incorporar estos objetivos locales para que pueda definir los planes de rendimiento tanto para sus equipos como para los individuos.

- Realizar revisiones regularmente para evaluar el rendimiento y el logro del objetivo de alto nivel. Esto también se puede hacer para los objetivos locales.
- Vincular el rendimiento de la administración para ayudarlo a establecer los objetivos correctos al configurar la estructura de bonificaciones.

Paso 4: Reconocer los procesos centrales de la empresa

Todas las compañías se involucrarán en algunos procesos que están diseñados para transformar algún tipo de entrada en una salida que el cliente esté dispuesto y pueda pagar. Es importante para la compañía definir claramente los procesos que hacen esto y cómo satisfacen a los clientes, así como tener una forma de documentar toda esta información.

Para ayudarle a comprender cómo examinar el rendimiento de los procesos y luego identificar las áreas que necesita mejorar, hay algunos términos que debe aplicar:

- *Procesos de nivel 1*: son los procesos del negocio que se consideran fundamentales para la empresa. Estos estarán vinculados a la función del negocio, y puede rastrearlos a través de los registros contables.
- *Procesos de nivel 2*: estos son algunos de los subprocesos que se encuentran en el nivel 1. Comprenden una serie de pasos del proceso al que están relacionados.
- *Pasos de trabajo*: esta es la unidad de trabajo que puede caer en un proceso de nivel 2. Comprende una serie de tareas realizadas por un equipo pequeño o por un individuo.

La forma más efectiva de determinar las oportunidades que necesita mejorar es reconocer primero los procesos que caerán al nivel 1. Estos se pueden desglosar para que se revelen los procesos críticos de nivel 2. Una vez que esto se logra, puede implementar Lean Seis

Sigma para ayudar a solucionar cualquier problema en los pasos de trabajo.

Identificar, priorizar y seleccionar proyectos

Habrá una metodología estructurada que los campeones, maestros cinturones negros y cinturones negros deberán seguir para ayudarles a identificar y priorizar los proyectos en los que van a trabajar. En las etapas iniciales, el campeón es responsable de ayudar a un maestro cinturón negro formado a realizar los siguientes pasos:

- Revisar el plan estratégico.
- Comprender las metas y objetivos de la empresa.
- Realizar una comparación entre el rendimiento que desea la empresa y el real.
- Comprender los objetivos que se presentan en cada departamento y los objetivos para cada función de negocio.
- Realizar una comparación entre el rendimiento deseado que desea lograr y el rendimiento real. Esto debe hacerse para cada función de negocio.
- Identificar los procesos básicos de nivel 1; puede hacerlo mirando un análisis de los objetivos, retornos y riesgos de cada uno.
- Hacer lo mismo con los procesos de nivel 2.
- Organizar una lluvia de ideas sobre todas las oportunidades potenciales que pueda tener para mejorar.
- Tomarse el tiempo necesario para clasificar y priorizar todas las oportunidades potenciales de mejora de acuerdo con sus objetivos, retornos y riesgos.
- Comunicar el resultado de este proceso de clasificación; puede hablar de ello con el equipo y luego llegar a un consenso sobre lo que todos quieren perseguir. Si hay algunos que disienten un poco, es importante discutir esto con anticipación y asegurarse de estar todos de acuerdo.

- Lanzar el proyecto Lean Seis Sigma. Esto debe hacerse de acuerdo con el calendario que se estableció anteriormente.

El campeón, los maestros cinturones negros y los cinturones negros, junto con todos los demás en la compañía, deben trabajar juntos para terminar esta parte. No va a funcionar si solo unas pocas personas selectas en el negocio aceptan el proyecto y el resto simplemente sigue adelante sin entender sus roles o sin el deseo de ver que Lean Seis Sigma y sus proyectos funcionen bien a largo plazo.

Además, el proyecto que elija debe ser muy importante para la empresa. Puede observar algunos resultados sorprendentes cuando trabaja con Lean Seis Sigma. Sin embargo, si pierde el tiempo seleccionando proyectos pequeños que no representan mucho, estará malgastando tiempo y recursos, e incluso dinero, en el proceso. Observe el modelo de negocio y la estrategia, decida qué proyectos deben realizarse y luego elija el que le proporcionará los mejores beneficios y el mayor retorno de inversión.

Capítulo 11: Cómo seleccionar un proyecto DMAIC viable

Una de las funciones más importantes que debe tener en cuenta para determinar si un proyecto tendrá éxito o no, es seleccionar los proyectos adecuados. En los casos en que el profesional se muestre descuidado al seleccionar las oportunidades de mejora, los resultados finales serán desastrosos. No es suficiente simplemente elegir un proyecto basado en lo fácil que es de completar o en algunas entradas obvias. Esto es la ruta fácil y, aunque puede funcionar a veces, no debería ser el criterio principal para ayudarle a definir el enfoque que utilizará. Esto es especialmente cierto cuando las prioridades a establecer no están claras.

Debe haber un enfoque consistente en juego que lo ayude a determinar si su proyecto será o no un buen proyecto DMAIC a la vez que lo ayude a priorizar los proyectos de acuerdo con los recursos asignados. Para que esto suceda, debe haber ciertos criterios de selección establecidos.

Criterios críticos del proyecto

Deben establecerse diferentes criterios antes de comenzar con su proyecto Lean Seis Sigma, y estos le ayudarán a garantizar el éxito. Algunos de los criterios incluyen los siguientes:

- *Impacto en el cliente*: debe determinar si el éxito del proyecto va a marcar una gran diferencia en la forma en que los clientes externos e internos perciben la calidad del producto o servicio. Puede utilizar un análisis de VOC para ayudar con esto.
- *Impacto en la calidad del servicio*: debe determinar si la calidad del servicio se mejorará a través de la cadena de valor. Si bien el cliente puede estar satisfecho, es posible que esto sea inútil si el proceso terminó siendo demasiado complejo o difícil de implementar de manera consistente.
- *Definición de defecto*: el defecto del proceso debe definirse para que el equipo no comience a perder el foco y se vea afectado por el crecimiento excesivo. El resultado final no debe ser lo que se usa para medir el defecto. Por ejemplo, no alcanzar sus objetivos de ingresos puede ser un problema de alto nivel, pero no debe usarse como su métrica de defectos. La métrica del defecto debe ser un aspecto operacional, como tasas de reelaboración, tiempos de entrega y tiempos de ciclo.
- *Estabilidad del proceso*: antes de mejorar un proceso, debe verificar la estabilidad. La estabilidad no significa que haya alcanzado el rendimiento deseado. Un proceso inestable puede generar ruido que puede interferir con la evaluación precisa de cuán impactantes son las mejoras.
- *Disponibilidad de datos*: debe haber algunos datos disponibles para ayudarlo a estudiar un proceso y decidir si debe mejorarlo o no. Si no tiene estos datos disponibles, debe obtenerlos. Debe asegurarse de que puede conseguir los datos clave sin utilizar un montón de recursos.
- *Disponibilidad de su equipo dedicado*: la compañía necesitará cinturones negros y cinturones verdes para mantener la iniciativa. Recuerde que los miembros de su equipo a veces pueden tener otras funciones que realizar

cada día, por lo que tendrá que explicar cuánto tiempo pueden dedicar a este proyecto.

- *Beneficios*: cualquier proyecto potencial que elija debe analizarse para averiguar el valor que puede proporcionar. Esto es posible con un modelo de flujo de fondos descontados. También es necesario incluir algunos beneficios blandos. Esto incluye cosas como la satisfacción del cliente y el impacto que tiene en las ventas y la retención.

- *Claridad de la solución*: si la solución a su problema ya está clara, no necesita perder su tiempo con el proceso DMAIC. Sin embargo, es posible que haya muchas soluciones buenas en las que esté pensando y que desee buscar algunas causas raíz en lugar de simplemente apresurarse y tratar de corregir los síntomas.

- *Apoyo al proyecto*: debe tener a todos implicados con el mismo proyecto. Esto marcará la diferencia entre si el proyecto tiene éxito o no. Sin esto, el futuro del proyecto podría terminar en una situación precaria.

- *Cronología del proyecto*: uno de los puntos de referencia que puede utilizar para determinar lo rápido que puede terminar un proyecto es la marca de seis meses. La viabilidad de un proyecto DMAIC se evalúa en función de si se puede completar en este plazo o no. Si no, entonces la viabilidad del proyecto disminuye. Al elegir un proyecto, tómese el tiempo para examinarlo y ver cuánto tiempo llevará alcanzar todos los hitos. Desea ver resultados rápidamente cuando está trabajando con Lean Seis Sigma, así que asegúrese de que la línea de tiempo sea óptima.

- *Alineación del proyecto*: El proyecto debe alinearse con los objetivos estratégicos de la empresa. Si no lo hace, la alta dirección será mucho más reacia a autorizarlo, y mucho menos a financiarlo.

- *La probabilidad de implementación*: aquí se formulará la pregunta "¿Cuáles son las posibilidades de que la solución se implemente en la organización?" Los cambios organizativos, el ajuste de objetivos, las iniciativas rivales y los niveles de resistencia serán factores que usted deberá evaluar para determinar la probabilidad de que la solución sea implementada.
- *Control sobre las entradas*: una vez que se recopilen algunos de los datos que necesita, el equipo evaluará si hay suficientes entradas que pueda controlar y medir. Si no es posible tener un cierto control razonable sobre las entradas del proceso, será mucho más difícil para usted alcanzar sus objetivos.
- *Inversión*: aquí se puede preguntar cuánto dinero costará solucionar el problema que sea. Si el proyecto necesita una gran cantidad de capital para implementar y ese capital es difícil de recuperar, no es realmente una buena idea seguir adelante con él. Además, si tiene un proyecto como este, automáticamente no cumplirá con los requisitos de un buen proyecto de mejora de Lean Seis Sigma y, por lo tanto, no debe hacerse.

Cuando está trabajando en un proyecto Lean Seis Sigma, es imperativo que identifique y seleccione el proyecto correcto y que las personas adecuadas estén a cargo de implementarlo. Si la compañía utiliza los criterios correctos en todo el proceso, aumentarán las posibilidades de que el proyecto tenga éxito.

Capítulo 12: Valor añadido y desperdicio

En los negocios, habrá un proceso de valor añadido. Estas son una serie de actividades que su empresa puede utilizar para cumplir con los siguientes criterios:

- Las actividades deben verse modificadas o efectuar cambios en el producto o servicio.
- El cliente todavía debe estar dispuesto a pagar por la salida del proceso.
- Las actividades del proceso deben realizarse correctamente la primera vez.

Desperdicios en procesos transaccionales

Los ocho desperdicios analizados en el capítulo 2 que constituyen el acrónimo DOWNTIME se pueden usar en la fabricación, así como en algunos procesos transaccionales. Sin embargo, cuando se trata de estas transacciones, los desperdicios pueden aplicarse de manera más simple y lógica. Por ejemplo, supongamos que hay dos departamentos involucrados en estos procesos, con una actividad realizada por el departamento A que termina siendo revisada por el departamento B. Un equipo está a cargo de mejorar el proceso para que puedan eliminar el desperdicio. El equipo examinará el proceso actual y realizará las siguientes preguntas:

- *¿Se llevaron a cabo todas las actividades del proceso que hemos realizado de manera consistente, correcta y secuencial? ¿Agrega valor cada una de estas actividades?* Si una actividad no agrega algún valor, no debe realizarse.
- *¿Se han definido las interfaces entre y dentro de los departamentos y están funcionando? ¿Está claro quién es el dueño de cada interfaz?*
- *¿Los criterios de toma de decisiones son claros y entendidos por todos? ¿Hay pasos dudosos en el proceso?* Algunos pasos no llevarán a ninguna parte. Esto sucede cuando no hay una salida de proceso o una salida clara del cliente.
- *¿El proceso requiere algún tipo de revisión para reparar defectos? ¿Dónde se originan los defectos?* Responder a estas preguntas puede ayudarle a encontrar los defectos. Si no hay un proceso establecido para reparar cualquiera de los defectos, entonces puede tomarse el tiempo para crear uno para su negocio.

Las preguntas anteriores son importantes porque pueden ayudar a los profesionales a mejorar su proceso. Debe examinar su empresa y ver si alguno de los desperdicios DOWNTIME están presentes. Le cuestan tiempo, recursos y dinero. Lean Seis Sigma puede ayudarlo a deshacerse de estos desechos, y formularse las preguntas proporcionadas puede ayudarlo a detectarlos más fácilmente.

Ejemplos de problemas de desperdicios

Problema 1: La actividad no se realizó de manera precisa o consistente

El primer problema que discutiremos es cuando una actividad no se realiza de la manera correcta. Veamos un escenario sobre cómo puede suceder esto en una empresa. Según cómo se supone que una empresa debe procesar los pagos, los clientes deben realizar sus pagos a la cuenta correcta antes del próximo ciclo de facturación. Sin embargo, alrededor del diez por ciento de las veces, esto podría no ser posible. Esto significa que los fondos van a ir a una cuenta inexistente. Entonces, la compañía necesitaría reunir el equipo necesario que pasaría el tiempo investigando los pagos suspendidos en lugar de hacer su otro trabajo.

Durante este tiempo, el proceso se trazaría y luego el equipo descubriría que había diez métodos que podrían haber usado para resolver el problema. Las soluciones serán exploradas y encontrarán que los métodos que tienen actualmente en vigor son ineficientes. El equipo de mejora luego irá a través de las soluciones que hayan encontrado y escogerá la mejor.

Después de elegir la mejor solución, la compañía estaría a cargo de formar a los empleados sobre el nuevo método que necesitan usar. La compañía podría entonces reducir a la mitad la cantidad de personal que investigó el pago suspendido.

Acciones de mejora: Se proporcionará la guía, así como las instrucciones de trabajo, y el personal que se capacitará será responsable de sus acciones.

Problema 2: La actividad no se realizó en la secuencia correcta

A veces, el trabajo se debe interrumpir, y eso puede arruinar el proceso de producción y dificultar la producción eficiente y rentable. Veamos otro escenario para esto. En la mayoría de las empresas, se requerirá que un empleado tenga una tarjeta de identificación para mostrar a las personas adecuadas cuando entren al edificio. En algunos lugares, también usarían estas para acceder a las computadoras dentro de su compañía. Aunque hay información similar que la computadora debería buscar en los dos procesos, a menudo se verán como procesos distintos.

Cuando la compañía ve estos procesos como diferentes, la empresa pierde mucha productividad. Esto ocurre a menudo con nuevos empleados o con personas que se transfieren a un departamento diferente.

La empresa debe decidir que es mucho mejor unir estos dos procesos de identificación y luego instruir a los nuevos empleados sobre cómo deben proceder. Antes de que se implementen, el departamento de recursos humanos deberá dedicar tiempo a verificar que toda la información de seguridad se haya cargado. Cuando los nuevos empleados lleguen a trabajar ese día, serán enviados directamente a los departamentos de seguridad e IT para ayudar a comenzar el proceso de identificación.

Cuando los nuevos empleados hayan recibido su identificación de los departamentos de seguridad y de IT, se los enviará a administración. Cuando toda esta información esté configurada y lista para funcionar, el empleado recibirá su nueva credencial.

Acción de mejora: cuando la compañía cambió la secuencia de actividades. Esto asegura que las cosas sucederán de la manera más eficiente posible y puede evitar cualquier pérdida de tiempo u otros problemas.

Problema 3: El proceso de solicitud de préstamo toma demasiado tiempo

Digamos que una institución financiera está a cargo de ayudar a que se procesen las solicitudes de préstamo. Observan que llevará aproximadamente 21 días para que la solicitud de préstamo sea aprobada. Esto se debe a que el formulario de solicitud del préstamo debe ir a diversos departamentos para ser aprobado.

Cuando se invitó a un equipo de mejora a revisar el proceso, rastrearon uno de los documentos para el proceso de préstamo y encontraron que viajaba por todo el edificio. Luego midieron la distancia que recorrió el documento y encontraron que, de media, viajaba 1,5 km. El equipo decidió que necesitaba trasladar a todos los departamentos relevantes a un área del edificio. Esto ayudó a reducir 1,4 km la distancia que necesitaba el papel para viajar y reducir el período de aprobación del préstamo a solo tres días.

Acción de mejora: eliminar algunos de los pasos más largos que no estaban agregando valor al proceso.

Problema 4: Interfaz inoperable

En este caso, hubo un equipo que recibió la tarea de mejorar el proceso de escaneo de documentos, y su objetivo era minimizar los costos al hacer esto. Después de algunas investigaciones, el equipo descubrió que uno de los proveedores de documentos podía almacenar toda la información relevante que se escaneaba de forma digital. A pesar de esto, la organización aún requería que estos documentos se imprimieran antes de enviarlos al departamento de escaneo.

Esto había llevado a varios problemas para la empresa. En primer lugar, provocó un gran aumento en la carga de trabajo para el departamento de escaneo. Tenían que dirigir todo el trabajo para todos y siempre iban atrasados, lo que dificultaba que otros departamentos también cumplieran con sus horarios. La compañía, además, gastó una tonelada de dinero en papel, y su uso continuo aumentaba también la huella de carbono de la compañía en el planeta. En general, esto indicaba que la compañía no había podido trazar todo el proceso de escaneo desde el principio hasta el final.

Acciones de mejora: encontrar una definición clara de la interfaz y luego asignar responsabilidad y propiedad.

Problema 5: Mejorar procesos para tomar decisiones.

Habrá ocasiones en las que una organización no defina claramente los criterios de decisión que deben usarse en un proceso transaccional. Esto a veces puede llevar a una variación en la forma en que sus empleados interpretarán las políticas que tiene.

Para este escenario, un equipo de mejora entró y revisó el proceso de auditoría para una compañía hipotecaria. Este equipo descubrió que diferentes auditores estaban utilizando diferentes criterios para aprobar las hipotecas. Además, los evaluadores de riesgos también utilizaban criterios distintos. El resultado de todo esto es que algunas de las personas que no deberían haber sido aprobadas para un préstamo fueron aprobadas y algunas de las que deberían haber sido aprobadas terminaron siendo rechazadas. Esta fue también una causa fundamental de por qué se perdió tanto tiempo cuando llegó el momento de concordar los resultados de la auditoría.

El equipo de mejora decidió revisar los modelos de riesgo y las políticas de crédito de la compañía para que pudieran encontrar términos que estuvieran claramente definidos y que todos pudieran seguir. Todos los evaluadores de riesgos fueron formados para seguir estas reglas, y se realizaron verificaciones de análisis aleatorias para garantizar que hubiera más coherencia en la toma de decisiones llevada a cabo en esa compañía hipotecaria.

Acciones de mejora: aclaración de las definiciones operativas, capacitación de los empleados y revisión de las decisiones.

Problema 6: Procesos redundantes

Estos son procesos que pueden haber tenido algún valor en el pasado, pero ya no necesitan ser utilizados. Sin embargo, dado que han estado en funcionamiento durante tanto tiempo, nadie en la empresa se ha dado cuenta de que estos procesos ya no están agregando valor.

Es por esto que es importante que los cinturones Lean Seis Sigma desafíen el *status quo*. Esto les permite eliminar algunos de los procesos existentes que no los están llevando a ninguna parte. Por ejemplo, muchas organizaciones tienen un sistema en el que los informes de gastos son aprobados por varios departamentos en lugar de uno solo. Esto puede causar retrasos innecesarios y puede generar desconfianza.

Acción de mejora: el trabajo de la compañía es eliminar los pasos redundantes que aún existen en sus procesos.

Problema 7: El bucle de reelaboración

Hay muchos casos en los que es necesario repetir un trabajo en un proceso transaccional. Por ejemplo, digamos que hay un departamento a cargo de preparar un documento oficial antes de enviarlo a otro departamento. Luego, el departamento de recepción se entera de que los documentos no se llenaron correctamente. Esto obligará al departamento de recepción a detener otros trabajos para solucionar estos problemas. En poco tiempo, esto puede convertirse en un gran problema institucional.

Este bucle puede solucionarse, pero debe cambiar parte de la cultura de su empresa. Los empleados deben estar capacitados para asumir la responsabilidad de la calidad del trabajo que proporcionan en lugar de que otras personas lo revisen y detecten los errores que cometen.

Acción de mejora: debe identificar las causas de la repetición del trabajo, eliminarlas y luego hacer un seguimiento de los cambios.

Capítulo 13: El equipo de mejora de procesos

Muchos gerentes pensarán que mejorar los procesos del negocio rara vez es una tarea fácil. Habrá diferentes responsabilidades de las que tendrán que ocuparse todo el tiempo, sin mencionar los fuegos que habrá que apagar. Los recursos para implementar y mejorar el negocio a menudo pueden faltar, lo que hace que el trabajo del gerente sea mucho más difícil. Si bien habrá numerosos obstáculos que pueden dificultar la implementación efectiva de Lean Seis Sigma, todavía hay una manera de aprovechar los recursos disponibles y aplicar la metodología: reunir un equipo de mejora multifuncional.

Este equipo debe estar formado por un grupo de personas dentro de la empresa que se elijan con el objetivo de mejorar un proceso en mente. La responsabilidad de juntar y gestionar el equipo estará en el propietario del proceso y el líder del equipo, y el gerente senior lo ayudará.

Por otro lado, algunas organizaciones deciden seguir un proceso conocido como una iniciativa dirigida por la gerencia. Aquí es donde los gerentes iniciarán el proceso de mejora por su cuenta. Se reunirán y discutirán temas relacionados con la reducción de costos y la mejora de procesos. Una vez que tengan sus ideas, la administración comunicará las mejoras que desean implementar en toda la organización. Esto significa que las recomendaciones se filtrarán hacia abajo con los supervisores que vigilan la iniciativa y los trabajadores que ejecutan las órdenes.

La desventaja del proceso dirigido por la gerencia

En comparación con un proceso liderado por un equipo, existen muchos inconvenientes inherentes al proceso dirigido por la gerencia. Algunas de las desventajas de trabajar con este tipo de proceso son las siguientes:

- Los gerentes a cargo de la lluvia de ideas y las soluciones son los que no están directamente involucrados en los procesos que intentan solucionar. Esto significa que es más probable que aborden los problemas percibidos en lugar de los reales.
- Dado que la responsabilidad del éxito será de los supervisores y la gerencia, se les dará una carga de trabajo aún mayor.
- El mando de primera línea y la fuerza laboral serán ignorados, y realmente no tendrán ningún sentido de pertenencia a la iniciativa. Esto va a significar que la mayoría de las personas en el negocio no van a tener ningún entusiasmo por el éxito del proyecto.
- La información comenzará con la administración superior y luego se moverá hacia abajo a todo el negocio. Esto a veces puede llevar a la falta de comunicación y confusión.

Los beneficios del proceso dirigido por el equipo

A menudo es mejor optar por un proceso liderado por un equipo cuando se trabaja en un proyecto Lean Seis Sigma. Algunos de los beneficios de seguir un enfoque dirigido por equipos incluyen los siguientes:

- Las personas que encuentran soluciones e ideas para mejoras también son las que trabajan con los procesos diariamente. Tienen un gran interés en resolver los problemas y saben cómo funcionan los procesos, por lo que cabe esperar que puedan encontrar las mejores soluciones.
- Las ideas formuladas se moverán de abajo hacia arriba. Esto puede hacer que el personal de primera línea se sienta parte del proceso. Esta es una excelente manera de entusiasmar a todo el equipo con la iniciativa.
- Enfatiza el trabajo en equipo y hace que su fuerza laboral se sienta apreciada.
- El equipo podrá reconocer mejor las soluciones que pueden implementar fácilmente. Esto puede ahorrarle mucho dinero a la organización, y demostrará de inmediato que Lean Seis Sigma está mejorando el proceso.

Cómo formar un equipo ganador

Ahora que le hemos dado algunas ideas sobre qué tipo de proceso será mejor para usted cuando trabaje con Lean Seis Sigma, es hora de ver algunos de los requisitos para crear un buen equipo. Para que un equipo tenga éxito, es importante que tenga una buena estructura y composición. Algunas cosas importantes que debe recordar acerca de la formación de su equipo son las siguientes:

- El equipo debe tener personas que conozcan bien los procesos del negocio, así como personas con estilos de pensamiento diversos. Debe incluir una mezcla de diferentes personas con diferentes trabajos, por ejemplo, algunos expertos en procesos junto con clientes y proveedores.

- El equipo debe designar un líder de equipo. Este líder debe tener una buena comprensión del proceso y al menos un poco de experiencia con la gestión de proyectos. También debe saber algo sobre la aplicación de Lean Seis Sigma, así como estar familiarizado con las herramientas con las que pueden trabajar. Elija a alguien que esté formado como cinturón verde.
- El equipo debe ser de un tamaño manejable. Idealmente, debe tratar de mantener al equipo con ocho miembros o menos para asegurar que todos puedan participar.
- Se deben establecer horarios para reuniones. Los horarios deberían estar diseñados para que todos puedan asistir.
- La primera reunión debe permitir que el equipo establezca sus reglas básicas. Todos los miembros deben estar informados sobre lo que se espera que hagan en términos de participación y asistencia.
- También debe haber alguien que sirva como encargado de mantener un registro del equipo. El trabajo es anotar cualquier buena idea que se les ocurra a los miembros.

Además de los puntos anteriores, también querrá asegurarse de que su equipo sea diverso e incluir a personas que estén capacitadas en Lean Seis Sigma. Tener campeones, cinturones negros maestros, cinturones negros y cinturones verdes en su lugar asegurará que está utilizando todas las herramientas que esta filosofía ofrece de forma adecuada. Debe considerar formar al equipo para obtener estos cinturones para aumentar aún más sus posibilidades de éxito.

Cómo seleccionar a sus candidatos Lean Seis Sigma

Si planea comenzar un proyecto Lean Seis Sigma para facilitar la mejora de su negocio y obtener excelentes resultados, es fundamental que seleccione a los candidatos adecuados para ayudarlo a realizar el proyecto. Elegir a los candidatos correctos puede hacer o deshacer todo su proyecto. No solo elija a alguien porque está en su negocio o porque desea que el proyecto se realice rápidamente. Elíjalos porque le brindarán los mejores beneficios necesarios para su proyecto.

Lo que esto significa es que los cinturones negros y los cinturones verdes que elija deberán tener todos los rasgos necesarios antes de comenzar el programa. Si no lo hacen, debe asegurarse de que reciban la capacitación adecuada antes de tiempo o, de lo contrario, encontrar a alguien que ya tenga el tipo correcto de formación para ayudar. Las directrices pueden ser de gran ayuda para cuando elija y para cuando sea el momento de ascender un cinturón verde a cinturón negro.

Candidatos a cinturón verde

Lo primero que debe buscar son los cinturones verdes con los que quiere trabajar. Estos candidatos deben demostrar que son competentes en el inicio y finalización de proyectos, al mismo tiempo que resuelven problemas con la ayuda de un enfoque basado en datos. Algunos de los rasgos que debe buscar en sus cinturones verdes incluyen los siguientes:

- *Interés en Lean Seis Sigma*: su cinturón verde debe tener interés en mejorar los procesos que ya existen en su empresa. Esto será evidente en su participación en cualquier proyecto de mejora que utilice. También puede consultar su historial de trabajo.

- *Orientación del proceso*: su cinturón verde necesita poder visualizar todo el proceso y cómo interactúan los diferentes componentes para producir el resultado que desea.
- *Conocimiento del proceso*: es realmente importante que comprendan cómo un proyecto en particular puede impactar a toda la compañía.
- *Pasión*: su candidato al cinturón verde debe demostrar que está entusiasmado y dedicado a ser parte de su proyecto.
- *Entusiasmo por aprender*: su cinturón verde debe poder aprender sobre diferentes técnicas y herramientas. Estas deben ser practicadas no solo durante sus horas de entrenamiento sino también después. Esto solo sucederá si el individuo tiene pasión por aprender.

Candidatos a cinturón negro

Este rol pondrá un mayor énfasis en las cualidades de liderazgo, lo que lo hace un poco diferente de los rasgos que encontrará en un cinturón verde. Encontrará que sus mandos medios a menudo serán buenos cinturones negros. Estas personas deberán poseer todos los rasgos que los cinturones verdes antes descritos, pero también deben cumplir los siguientes criterios:

- *Poseer habilidades técnicas*: esto será un factor crítico porque su candidato deberá poder aplicar algunas habilidades técnicas de alto nivel durante sus proyectos.
- *Tener cierta visión para los negocios*: como líder del proyecto, el cinturón negro debe conocer el mercado actual en el que existe su empresa. También debe poder identificar los desafíos diarios de esta empresa. Esto les ayudará a impulsar su programa en la dirección correcta.
- *Tener una personalidad influyente*: sus cinturones negros deben ser capaces de liderar. Esto significa que pueden ayudar a su empresa a implementar el cambio correcto,

ser capaces de comunicarse bien con diferentes niveles de administración y ser capaces de orientar a otros.

- *Poseer habilidades para resolver problemas*: un cinturón negro debe poder demostrar sus habilidades de análisis de datos con algunos de sus proyectos anteriores.
- *Tener disposición hacia la enseñanza*: un cinturón negro será responsable cuando sea el momento de formar y ser mentor de los cinturones verdes en el equipo. Tendrán que proporcionar cierta experiencia al programa y luego eliminar cualquier obstáculo que pueda interferir. En algunos casos, es posible que deban realizar algún entrenamiento para ayudar a la concienciación con Lean Seis Sigma.

El propietario del proceso

Otra persona de la que tenemos que hablar de su proyecto Lean Seis Sigma es el propietario del proceso. Esta será la persona a cargo de averiguar cómo se ejecuta un proceso específico. También es responsable de garantizar que el proceso continúe satisfaciendo al cliente y las necesidades de la empresa durante muchos años. Toda empresa que quiera asegurarse de que Lean Seis Sigma siga ganando fuerza tendrá que reconocer el papel del propietario de un proceso. Algunas de las responsabilidades que vienen con el propietario del proceso son las siguientes:

- Necesita entender todas las partes críticas del proceso. Este individuo conocerá los elementos de salida que tanto la empresa como los clientes van a valorar más. También deben tener una buena comprensión de cómo su proceso se alineará con los objetivos de la empresa.
- Va a seguir el rendimiento de un proceso con la ayuda de los datos. Los datos utilizados deberán ser métricas de entrada, así como algunas medidas de salida. Estas métricas de entrada serán útiles porque ayudarán a predecir el rendimiento desde una etapa temprana. En la

mayoría de los casos, el propietario del proceso rastreará los datos que ya están compilados por otros operadores de procesos.

- Se asegurará de que el proceso esté siempre documentado y que esta documentación esté estandarizada y actualizada con la mayor frecuencia posible. Una empresa debe esforzarse por reducir sus variaciones lo más posible cuando se trata de la forma en que los empleados operan un proceso. El propietario del proceso será responsable de identificar las mejores prácticas y luego estandarizarlas para garantizar que obtengan la calidad adecuada al final.
- Establece un plan de gestión de procesos para que todos los que están trabajando en el proceso puedan verlo. Este plan también contendrá un plan de respuesta en caso de que existan señales de problemas.
- Realizará revisiones de forma regular. Estas van a incluir revisiones de proceso. Durante estas revisiones de proceso, se harán preguntas sobre aspectos como la satisfacción del cliente, el control de las métricas de entrada y salida, y quién está asignado para tratar cualquiera de los diversos problemas que puedan surgir. Otra revisión es la revisión de la gestión de procesos. Aquí es donde se hacen las preguntas para determinar lo efectivos que son los métodos de administración y los métodos de monitoreo de procesos.
- Está a cargo de garantizar que todas las soluciones que el equipo de mejora identifica estén integradas y se mantengan en el proceso.
- Se asegurará de que los operadores del proceso estén bien capacitados. También debe asegurarse de que estos operadores tengan los recursos y las herramientas correctas para realizar sus tareas de la manera más eficiente posible.

- Proporcionará un enlace muy importante entre este proceso y los clientes. El propietario del proceso debe asegurarse de estar siempre en conexión con todos los demás miembros de la organización, ya sea interna o externamente.

El rol que juega el propietario del proceso puede parecer aburrido y fácil de hacer, pero sigue siendo importante para la empresa. Estos propietarios no van a trabajar solos porque a menudo hay muchos operadores de procesos que trabajan un nivel por debajo de ellos para facilitar el seguimiento del proceso. Sin embargo, al final, el propietario del proceso será quien realmente tenga el poder de tomar cualquier decisión con respecto a este proceso.

Capítulo 14: Diseño para Lean Seis Sigma

Cuando se escucha que una empresa está utilizando Lean Seis Sigma, se supone que la metodología que utilizan es DMAIC. Esto suele ser cierto porque es probable que la organización esté tratando de clasificar algunos de sus procesos existentes para identificar a aquellos que generan desperdicios. Sin embargo, hay un segundo enfoque que puede utilizar. Este es el que las empresas implementarán cuando intenten diseñar un nuevo proceso o producto, y quieren una buena manera de garantizar que cumpla con los estándares de alta calidad. Este enfoque se llama Diseño para Seis Sigma o DFSS.

Diseño para Seis Sigma

Este es un enfoque emergente cuyo principal objetivo es crear un nuevo servicio o producto que no tenga ningún defecto y al mismo tiempo garantizar que la metodología Lean Seis Sigma se implementa correctamente desde el principio. Diseño para Seis Sigma permite a una empresa mejorar la tasa y la calidad de su proceso de diseño.

Encontrará que el enfoque utilizado para DFSS tiene grandes diferencias en comparación con DMAIC. Por un lado, las fases de DFSS aún no se han definido universalmente, y la mayoría de las compañías trabajan en sus propias variaciones para implementarlo. Esto permite que una empresa adapte DFSS para que se ajuste a sus necesidades culturales, industriales o comerciales. Si la empresa decide contratar los servicios de una consultoría para ayudar, simplemente necesitarán adoptar cualquier versión de DFSS que recomiende el consultor. Esta es la razón por la que se considera que DFSS es más un enfoque que las empresas pueden usar en lugar de una metodología distinta.

Diseño para Seis Sigma se puede implementar cuando está diseñando o rediseñando un producto o servicio y desea comenzar desde cero. Cuando el servicio o producto está diseñado con la ayuda de DFSS, se puede esperar que el resultado sea un nivel sigma de 4,5 o superior. Lo que esto significa es que no habrá más de un defecto en cada 1000 pruebas. Sin embargo, dependiendo del producto, hay veces en que el nivel de sigma puede llegar a 6, pero llegar a este objetivo puede ser difícil.

La metodología Diseño para Seis Sigma

El primer paso para usar la metodología DFSS es identificar y luego analizar las brechas que están presentes, ya que están destinadas a afectar el rendimiento del nuevo proceso, producto o servicio de manera negativa. La idea principal para centrarse aquí es cómo respondería el cliente a su nuevo artículo. Si tiene esa información, puede establecer un proyecto que pueda superar cualquier problema.

Hay algunas variaciones que puede utilizar con el enfoque DFSS. Estas pueden diferir entre sí, pero van a seguir pasos similares, y sus objetivos finales son los mismos. Estos enfoques DFSS son una forma de diseñar procesos, productos y servicios orientados a minimizar los costos de desarrollo y el tiempo de entrega, mejorar la eficacia y mejorar la satisfacción del cliente. Si bien hay una variedad de enfoques para usar, los procedimientos básicos son los siguientes:

- Capturar los requisitos del cliente
- Análisis y priorización de los requisitos
- Desarrollo del diseño
- Seguimiento de la capacidad del proceso, producto o servicio en cada paso
- Exponer las brechas entre los requisitos del cliente y las capacidades del producto
- Establecimiento de un plan de control.

Cómo implementar Diseño para Seis Sigma

La mayoría de las organizaciones que implementan DFSS tienden a centrarse demasiado en la responsabilidad financiera a costa de la responsabilidad de la implementación. Es importante que la compañía, cuando elija implementar esto, ponga énfasis en mantenerse lo más fiel posible al proceso DFSS. Esto debe traducirse en la aplicación disciplinada y exhaustiva de las diferentes herramientas para DFSS, tales como las funciones de transferencia, análisis de valor esperado, QFD y más.

Cuando esté listo para comenzar a implementar DFSS, la compañía debe creer que las poderosas herramientas que proporciona obtendrán los resultados que desean. Sin embargo, algunos indicios pueden mostrar con anticipación si una compañía es reticente a implementar DFSS, pero espera obtener los ahorros y los beneficios. Este temor a trabajar duro es lo que lleva en parte a las compañías que usan DFSS a tomar atajos, y esto les causa más daño que bien.

Primero, entienda por qué quiere implementar DFSS. ¿Por qué elegir este proceso en lugar de seguir con lo que ya tiene? Para ayudarle a encontrar respuestas, aquí se exponen algunos de los beneficios que puede esperar de la implementación de DFSS:

- Se ha demostrado que proporciona una ganancia de al menos un nivel de calidad sigma en comparación con algunos de los otros diseños.
- Puede reducir el tiempo que lleva lanzar su producto o servicio al mercado.
- Se puede aplicar a su negocio, sin importar el tipo de servicio, producto u organización.
- Es una forma muy rentable de eliminar defectos de un sistema. Los costos de producción serán los más bajos cuando esté trabajando en las fases iniciales de su diseño. Esto significa que DFSS tiene una gran relación de rendimiento coste.
- Puede ofrecerle un enfoque que otorga disciplina cuando se trata de la responsabilidad de la implementación.
- Las tarjetas de resultados o *scorecards*, permiten una recopilación mejorada y más consistente de los datos que necesita.
- Los datos DFSS y las tarjetas de resultados pueden ayudar a resaltar las posibles causas de fallo. Esto es mejor que tener que depender de suposiciones.

Las bases de Diseño para Seis Sigma

Como se mencionó anteriormente, hay algunos enfoques diferentes que puede aplicar cuando se trata de hacer que DFSS funcione. Hay algunas similitudes entre ellos, y hay algunas diferencias. La buena noticia es que siguen pasos similares y pueden modificarse para adaptarse mejor a su negocio.

Puede elegir con cuál de los métodos trabajar. Lo que es importante recordar es que debe seguir todos los pasos completamente y no omitir ninguno de ellos. Algunos de los enfoques comunes que puede utilizar con DFSS incluyen los siguientes:

DMADV

Si bien hay diferentes tipos de enfoques que puede utilizar, el método más popular es el DMADV. El método comprende cinco fases:

- *Definir*: se deben definir los objetivos del cliente, así como los objetivos de su proyecto.
- *Medir*: las necesidades y requisitos del cliente se determinan aquí. También se establecen los puntos de referencia que va a utilizar en su negocio.
- *Analizar*: las opciones se analizan para ayudarle a satisfacer las necesidades de sus clientes. Esto requerirá que usted entienda realmente a su cliente y lo que está buscando. También puede ayudarle a comprender con anticipación qué cambios e innovaciones puede realizar en un producto o servicio para que pueda anticiparse a sus necesidades.
- *Diseñar*: debe detallar cómo el negocio planea satisfacer las necesidades de sus clientes. Este es el plan con el que finalmente se quedará, pero debe tener todos los detalles, junto con algunas explicaciones, sobre por qué es importante un cierto paso en el plan o cómo ayudará.
- *Verificar*: la verificación es necesaria para determinar si el rendimiento puede satisfacer a los clientes.

DMADOV

Este es muy similar a la metodología DMADV, pero tiene otro paso: la fase de optimización. Aquí, va a utilizar modelos avanzados y herramientas para ayudar a optimizar el rendimiento.

DCCDI

- *Definir*: aquí es donde se definen los objetivos de su proyecto.

- *Cliente*: completar su análisis de necesidades del cliente.
- *Concepto*: implica el desarrollo, revisión y selección de ideas.
- *Diseño*: este paso detalla cómo se pueden cumplir las necesidades del cliente y las especificaciones del negocio.
- *Implementación*: desarrollo y luego comercialización de su producto o servicio.

IDOV

Esta es la metodología más utilizada en el negocio de fabricación. A veces se puede modificar para que funcione en otras industrias, pero funcionará mejor con industrias que se centran en la manufactura. Sus siglas significan lo siguiente:

- *Identificar*: aquí es donde se encuentran las CTQ y las especificaciones de los clientes.
- *Diseño*: los CTQ del cliente deben traducirse en necesidades funcionales; esta información también se puede utilizar para generar posibles soluciones. La mejor solución será elegida de la lista resultante.
- *Optimizar*: en este paso utilizará herramientas y modelos avanzados para ayudarle a optimizar su rendimiento.
- *Validar*: esta fase es para garantizar que el diseño que se diseñó satisface las CTQ del cliente.

DMEDI

- *Definir*: este paso es para identificar los problemas del negocio junto con los deseos de su cliente. Para comenzar, requerirá cierta información de los clientes y una idea sólida de lo que la gente de la industria piensa acerca de su negocio.
- *Medir*: esta fase le ayudará a determinar los requisitos y necesidades de los clientes. No puede tener una buena idea de dónde comenzar o qué tipo de procesos implementar o cambiar si no tiene claro cuáles son las

necesidades de sus clientes o qué hará que las cosas mejoren.
- *Explorar*: aquí es donde se analizan los procesos del negocio. Luego puede usar la información resultante para explorar las opciones disponibles para diseños que satisfagan las necesidades de sus clientes.
- *Desarrollar*: en este paso es donde usted entrega el diseño que es el más ideal o el más pertinente en función de las necesidades de su cliente.
- *Implementar*: el nuevo diseño creado se someterá a las pruebas de simulación. El objetivo de este paso es verificar si el diseño tuvo éxito o no en el cumplimiento de los requisitos de su cliente o si necesita realizar algunos cambios antes de llevar el producto al mercado. Asegúrese de realizar este paso. Olvidarse de hacerlo o postergarlo puede resultar en que usted lance el producto equivocado y pierda mucho tiempo y dinero en el proceso.

Como puede ver en los enfoques descritos anteriormente, DFSS abarca una amplia variedad de metodologías. Al seguir cualquiera de estos métodos correctamente, encontrará que su empresa reduce sus desperdicios, aumenta sus ganancias y proporciona a sus clientes los productos y servicios exactos que están buscando.

Conclusión

Gracias por llegar hasta el final de *Lean Seis Sigma: La guía definitiva sobre Lean Seis Sigma, Lean Enterprise y Lean Manufacturing, con herramientas para incrementar la eficiencia y la satisfacción del cliente*. La información provista en estas páginas le ha proporcionado todas las herramientas que necesita para alcanzar sus metas, sean las que sean.

El siguiente paso es comenzar a aplicar lo que ha aprendido en su negocio. Anime a su equipo a obtener copias de este libro para que todos puedan conocer los beneficios de Lean Seis Sigma y comenzar a realizar cambios significativos en su organización.

www.ingramcontent.com/pod-product-compliance
Lightning Source LLC
Chambersburg PA
CBHW030949240526
45463CB00016B/2229